酵素廚房

66 道享樂主義的輕食佳餚

邵麗華 著

臺灣商務印書館

推薦序

健康新快遞～注重均衡的酵素養生

　　本書作者是我任教於嘉義大學時的學生，回想起當年在求學期間其認真、用心及具熱忱的個人特質，至今依然令我難忘。看到所教導出來的學生今日具有這樣成就，心裡實屬欣慰。

　　酵素一詞多出現於生化、醫學等範疇，所以一般民眾對酵素的認識可說是一知半解。僅管人體內具有的酵素種類多達數千種，但對於不是專門研究此領域的普羅大眾而言，應該是屬於非常艱深的一門學問。雖然本書是以料理食譜為定位，然而透過作者以淺顯的內容導引出酵素的特性、人體為什麼需要酵素及酵素的重要性等內容後，相信也能讓初次接觸到酵素的民眾具有基本的概念。可說是一本集結知識性與實用性的書籍。

　　追求健康不僅僅是個人的職責也是全民的義務。當科技日益發達、醫學進步神速之際，但是人類還是免不了遭受病痛之苦，而且也隨著社會型態的改變許，多文明病及慢性疾病如：糖尿病、肥胖症、高血壓、痛風等疾病也不斷地威脅人體的健康。廣泛的健康不單單只是指身體沒有病痛，而是應該同步追求身、心、靈三方面的平衡以達最高的表現。而於每日的生活當中若能把握「均衡飲食」，便是開啟飲食健康的第一把鑰匙，而酵素食品所提供的完整營養素便是打造健康的基質。作者以「將健康的飲食生活送達到每日的餐桌」概念為出發，可謂是一項創舉，非常難能可貴。

　　閱讀完本書後不禁讓人讚嘆，作者竟能將酵素食品當作調色筆，刻畫出一道道具有獨創及美味的料理。不論是當作開胃前菜的涼拌小品、輕食低卡的特色佳餚抑或是充滿視覺震撼的風味點心等，處處可見作者的用心及巧思。而書中內容也特別將每道食譜所運用的食材，加以註記出其營養功能讓讀者更能輕鬆掌握。本書的特別之處為，它是市面上少數利用保健食品製作成料理的書籍。內容豐富實用，且製作方式又不需耗費太多時間即可完成。相信即使不常下廚的讀者們在閱讀完後，也能在家輕易做出具健康又可口的料理。這是一本與眾不同的料理食譜，很榮幸能在此推薦給大家。期望每位讀者都能輕易上手，打造全家人的健康生活。

中州科技大學校長

餐桌上的養生新觀念～酵素之道

從事酵素食品發展至今已達三十餘年，回想以前常感嘆自己父母及身邊的朋友都有健康的困擾：除了患有慢性疾病之外，通常也都有久病不癒的問題。因此我便開始思索人體本身即具有的「治癒力」，稍後開始鑽研細胞學、發酵學及營養學等。不斷地汲取國內外學者專家對人體健康保養的新概念，發現德國、日本在很早之前就懂得利用微生物的發酵技術來製造出各種人類所需的食物及養生食品。而欣喜若狂地投入酵素食品領域的研究，從一知半解至今漸入深奧的殿堂。

酵素食品最大的特色就是藉由多種有益的微生物接力發酵，並需經過長時間的淬練，才能將蔬果當中的原料轉化為對人體有益的各種營養物質。如維生素、必需胺基酸及礦物質等。而這些營養分子也是在我們每日飲食當中所需要攝取到的元素，所以「酵素又具有完整營養素之美稱」。然而一般民眾並不知道酵素食品對人體的重要性，因此我在2009年聚集國內許多專家、學者一同成立「酵素食品推廣協會」，同時也於2010年出版《酵素才是你的維他命》一書。希望把酵素對人體的重要性及其好處推廣給大家，打造健康不易生病的體質進而達到全民健康的目標。

本書的作者，以深入淺出的方式引出酵素對人體的重要性，也提出人體為何需要酵素等概念，將艱深的學問以白話的文字內容表現出來，讓初次接觸酵素的讀者也能快速進入酵素的世界。而「將酵素應用於日常飲食更是一項把健康融入生活中的極致表現」。所介紹的食譜內容也具有很大的可看性，除了我們常知的直接飲用酵素外，更把酵素食品運用於各種食材當中，變化出一道道秀色可餐的美味料理。食譜內容除了將酵素用於涼拌外，更包涵了許多具有特色及創意的料理，菜色變化多端集色、香、味於一身，令人食指大動。本書的問世與我積極想要將酵素如此豐富營養的食品推廣給大眾的理念非常符合。在此將這本優質的食譜料理推薦給各位，期盼讀者們能將養生之道落實於每日的餐桌上！

酵素食品發展協會理事長　黃伯誠

輕鬆品嘗健康新元素

　　現代人因為生活型態的改變，不當的飲食習慣如：進食速度過快、不吃早餐、晚餐又吃得太豐盛、暴飲暴食、嗜飲咖啡、冷飲、愛好重口味的口感、熟食攝取過多、蔬果攝取不足等。這些情形最直接影響的就是增加消化系統的負擔。

　　從我們吃進去的第一口食物開始，口腔的唾液便開始分泌酵素進行消化作用，然後經食道、胃、十二指腸、小腸、大腸等消化系統的運作才能將食物中的大分子轉化為人體可以運用的小分子營養素。而酵素就是擔任消化工作中最重要的主角。消化酵素具有分解食物、轉化成人體能量的作用；與幫助食物於腸胃道系統中的消化與吸收。一旦當體內的消化酵素缺乏時，最容易造成腸胃問題如：脹氣、消化不良、易產生胃酸或是胃食道逆流等。因此在飲食過程中可以多藉由咀嚼的動作，來促進口腔的唾液分泌或是多攝取含有酵素的食物，以利消化作用的順利進行。或者我們從體外適時的補充酵素，也不失為是一種幫助消化的方式。

　　而這本料理食譜就是以「美味、簡單、健康」的概念為主軸。書中所示範的食譜多以天然的蔬菜、水果加上液體酵素為主要食材，利用不同的料理手法，變化出各式美味。有輕食又不失飽足感的特色佳餚、適合在炎炎夏日食用的精緻涼拌等，讓你在享用美食之際同時又能補充酵素。是市面上少見結合美味輕食與健康概念於一身的料理書。在此將這本書籍推薦給愛好享樂主義、輕食料理的朋友們！

嘉義大學應用化學系副教授　古國隆

前言

提升酵素力～擁有健康好活力

　　酵素又稱為「酶」，其本質是由蛋白質所構成，在體內擔任維持身體正常功能、消化食物、修補組織等角色。目前人體內所發現的酵素約達五千種以上，所扮演的角色為「催化劑」。倘若人體缺乏酵素，則人體內的活動即無法進行，生命的運作也將停止。僅管我們攝取足夠的維生素、礦物質、蛋白質、水分……等營養素，但若是缺少酵素，則無法合成體內所需的物質以維持生命。因此想要活得健康、活得長久，體內酵素的存量便成為重要的關鍵。

　　人體本身即能藉由肝臟、胰臟等器官來合成製造酵素，也能從生食中獲取酵素。然而因為現代人不良的生活習慣如：熬夜、抽煙、壓力過大、營養失衡、毒素累積等因素造成人體製造酵素的能力降低，再加上日常生活中攝取過量的熟食導致體內酵素嚴重缺乏，造成腸道蠕動異常、細胞老化等情形，使得我們的健康一點一滴流失。而酵素食品與其他的保健食品最大的不同在於，酵素食品含有完整的營養元素，一次到位為人體建構健康的細胞。因此酵素食品又有「細胞的食物」之美稱。唯有補充酵素食品才能讓我們達到體質再生、健康再造的境界。

　　酵素食品乃由數十種甚至達數百種的天然蔬菜、水果、漢方本草複合微生物發酵而成的營養液，將蔬果內的維生素、礦物質、胺基酸、有機酸、多酚、微量元素、益生菌等多元植物營養素淬練合為一體的產品。其原型為液體，藉由補充酵素液可以同時補充到多種的營養素。但一般人對於酵素液的食用方式多停留在直接飲用或是加水稀釋飲用，鮮少人知道原來酵素也可以入菜。這本酵素料理的書就是要教導大家可以擴大酵素食品的食用方式，讓我們在日常的料理過程中也可以將酵素納為食材使用。本書所介紹的料理方式，淺顯易懂，除了能讓烹調高手一看就會，更期盼能讓第一次接觸料理的讀者也能輕易上手完成美味佳餚，製作出養生又兼具創意的料理。

健康新思維～酵素保健法

　　酵素是個充滿神奇又陌生的名詞。或許你以前不認識它，但是近二十年來「酵素養生」卻已蔚為風潮。現在的保健趨勢將不再是吃入瓶瓶罐罐的營養品，而是**要補充細胞所需的營養素、打造出健康的細胞**。因為唯有健康的細胞才能建構出健康的個體。本書內容以精簡的概念為讀者揭開酵素的神秘面紗，同時帶領讀者進入酵素養生的世界。

　　酵素是細胞的食物，而細胞又是構成生命的最小單位。人體是由近六十兆細胞所建構出來的個體，當今醫學的治病原則多是頭痛醫頭、腳痛醫腳採取症狀療法局多。而利用酵素來保養身體卻是完全不同的新思維。

酵素知多少

　　近年來常常有人在談論「酵素」這個名詞。而在日常生活當中也到處可見酵素的蹤跡。舉凡像是添加酵素的洗衣粉、牙膏、美容保養品、食品、保健營養品等。而應用的範圍之廣也含概了生化學、醫學、藥學、食品學、農林漁牧等產業，可見酵素已和我們的生活密不可分。然而你真的了解酵素是什麼嗎？「酵素具有減肥的效果」、「酵素具有治病的療效」、「吃酵素補酵素」等說法層出不窮，常常可見消費者被搞得一頭霧水。到底酵素是什麼呢？

　　酵素又稱為「酶」本質為蛋白質，但是蛋白質卻不一定就是酵素。酵素在人體內是擔任生物體內的「催化劑」角色。生物體內本身即具有催化能力的蛋白質，人體內的所有化學變化都需要有酵素的參與才能進行，例如建造血球的元素除了我們常知的鐵質、維生素B6、維生素B9等營養素之外，也需要藉由酵素這個催化者將所需的營養素串連起來，才能建構我們的血球細胞，所以很多貧血者往往會覺得為什自己吃了這麼多的營養素卻還是一直會貧血呢？其原因有可能就是體內缺乏酵素之故。所以酵素是維持生命與建構細胞所不可獲缺的重要成分。而體內酵素的活動也是決定人體健康與否的重要指標。酵素是二十四小時都在待命負責處理人體各項的運作，舉凡食物的消化吸收、呼吸、思考、細胞代謝、血球建構等與人體息息相關。因此「*沒有酵素，生命將不再運轉*」。

為什麼需要補充酵素

　　然而體內的酵素並非是無窮無盡的，現代人的不良生活習慣如熬夜、喝酒、抽煙、飲食不均、攝取過多精緻化食物、過度減肥等對於體內酵素系統都是一大危害，會造成體內酵素過度消耗，因此才需要藉由外來補充；但酵素又不如一般營養素容易於日常生活當中攝取得到。因為酵素的另一個重要特性就是**酵素具有不耐熱的性質**。只要食物一經加熱溫度超過約45℃以上即會失去活性，而這也是一般我們於日常飲食當中不容易攝取到酵素的原因之一。

　　食物都具有酵素，但是當烹調的溫度過高時即會失去酵素活性，所以才會有食物生命說。食物可分成「有生命」及「無生命」，兩者之間的差異性就在於食物是否含有酵素。試想在烹調的過程當中不論是蒸、煮、炒、炸加熱的溫度都過高，而食物中的酵素也早已消失不見。因此唯有攝取生食才能獲得到酵素，而不論葷素食物，只要是未經加熱皆含有酵素。但基於安全問題，也就不建議讀者食用生肉或是生魚。若要食用則需特別注意食物的新鮮度，以免造成細菌污染；所以想要於日常飲食中獲得酵素就必須以生鮮的蔬菜水果為首選了。然而又有多少人可以真正落實每日食用五種以上的生鮮蔬果呢？因此市面上許許多多酵素補充品便油然而生。市售酵素不論是液體、錠狀、膠囊或粉狀等各式形態產品都好，若能把酵素融合在我們的日常飲食中，就能餐餐吃進健康了。本書就是在這樣的一個理念下出版，希望能將人體所必需的營養酵素送到每一個人口中，獲得健康。

體內酵素減少的原因

　　一、人體內的酵素量會隨著年歲日益增加而**遞減**

　　二、三餐飲食當中無法攝取到含有酵素的食物

　　三、人體的器官功能受損時會導致分泌酵素的能力降低

　　四、人體的老化速度過快會加速酵素的損耗

　　五、生病時會消耗體內大量的酵素

缺乏酵素、健康打折

　　一旦當人體內的酵素損耗過度會引發種種危機，連帶使得身體各個器官運作失衡，最後造成百病纏身的困境。

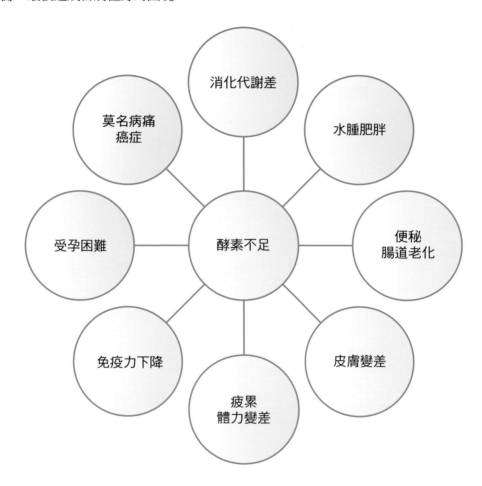

酵素對人體的重要性

　　美國酵素權威專家亨伯特‧聖提諾博士指出：「人體就像是一顆燈泡，而酵素就像是電流，唯有通電後的燈泡才會發亮。若是缺乏酵素則人體就只是一顆不會發亮的燈泡而已」。

酵素是啟動生命的鑰匙，根據目前所發現人體內的酵素種類高達五千種以上，這表示每個人每天都存載著五千多把鑰匙在進行各項生命活動的運作，以維持基本的生命所需。而酵素的另一個特性是具有不可取代的專一性，也就是每一種酵素各司其職，彼此之間無法取代，因此一旦當體內缺少某一部分酵素，或是酵素失衡時，即會產生不同的疾病。現在已知約有一百多種疾病都與體內缺乏酵素有關，其中也包括了許多罕見疾病及常見的乳糖不耐或是蠶豆症等，都是因為體內長期缺乏酵素所致，酵素對人體的重要性可見一班。此外酵素對人體的重要性還具有下列各項：

一、分解作用

酵素可以幫助分解、代謝體內所殘留的二氧化碳、異物、細菌、毒素，以及人體代謝後的廢物等，使身體回復正常狀態。而促進食物的消化、吸收也是屬於分解作用的一環。

二、血液淨化作用

酵素能去除體內酸性代謝物及分解、排泄血液中的廢物和炎症所產生的毒素，使體內血液呈現弱鹼性，加速組織血液中二氧化碳的排出，避免紅血球堆積在一起或血小板聚集，而造成血液循環不良或是形成血栓，進而引起腰酸背痛、頸肩僵硬、倦怠無力、頭重腳輕等症狀。

三、抗菌、抗炎作用

酵素本身雖然無治療疾病的能力，但是卻能帶來大量的白血球，因白血球具有抗菌作用能殺死細菌，並給予細胞療癒傷口的能量。所以在生病時更需要大量的酵素來幫助體內增加抗菌的能力。

四、促進細胞再生的作用

酵素並非如藥物或是抗生素一樣具有直接殺死病菌的功效，而是酵素能促進細胞的新陳代謝作用、增強體力，促使遭受破壞的細胞新生，由內而外提升人體的自然治癒力。

精緻涼拌類

涼拌料理多選用當季新鮮水果食材，並使用海鮮如蝦、蟹肉、魷魚等新鮮的海味，搭配液體酵素液、檸檬汁、日式醬油等，清爽口感挑逗你的感官，即使在酷熱的夏天也能觸動味覺食慾，當作前菜或開胃料理。

讓你一口接著一口享用；而食材上特別選用低熱量及富有飽足感的高纖蔬果互為配菜，在享受美味之際也不用擔心身材走樣的問題。涼拌類佳餚，看似簡單的料理，卻也是餐桌上最不容忽視的開胃小品。

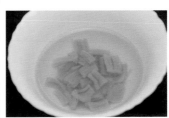

桃花朵朵

 食材小百科

荸薺，因外形似馬蹄，味道與栗子相似，所以又稱為地栗、馬蹄、水芋。含有醣類、維生素A、維生素C、礦物質（磷、鉀）及抗菌成分。其中礦物質磷的含量豐富，有助於維持人體正常的生理功能和促進發育，對於牙齒和骨骼的發育也具有很好的效用。因此非常適合兒童食用；此外荸薺具有清熱生津，開胃消食的功效，對於有消化不良的症狀者可以多食用。

 食材

黑木耳	1盒
荸薺	1盒
水蜜桃罐頭	1罐
小番茄	1盒
沙拉醬	1小匙
液體酵素液	60cc

 作法

❶ 將黑木耳以剪刀剪成約掌心大小的圓形，置於熱水中汆燙，撈出並放入冰水中冰鎮後備用。

❷ 將荸薺切成細小丁狀，置於熱水中汆燙撈起，放涼，備用。

❸ 將水蜜桃及小番茄分別切成與荸薺同樣大小的細丁狀，備用。

❹ 將沙拉醬＋液體酵素液混合拌勻，備用。

❺ 取黑木耳，並分別將荸薺丁、水蜜桃丁及小番茄丁置於黑木耳內，最後淋上作法4的醬料即完成。

酵素DHA

 食材小百科

鮪魚是一種肉質鮮美、營養豐富的魚類，除了有蛋白質、脂肪、醣類、礦物質、維生素等，最受到注目的就是含有DHA、EPA及牛磺酸；對於老年人可以幫助降低血壓及血中的膽固醇，能夠防止動脈硬化、心肌梗塞及血栓等心血管相關疾病，而且也能預防老年痴呆症；對於成長發育中的孩童而言，DHA是神經傳導細胞的主要成分。因此多補充能增進腦部的發育及提升視力的功能，是屬於營養價值很高的深海魚類。

 食材

鮪魚罐頭	1罐
苜蓿芽	1盒
小麥草	1盒
黑芝麻	少許
白芝麻	少許
沙拉醬	1大匙
液體酵素液	60cc

 作法

❶ 將苜蓿芽與小麥草分別洗淨、置於冰水中冰鎮10分鐘後，撈出瀝乾水分，備用。

❷ 將沙拉醬＋液體酵素液混合攪拌均勻後，備用。

❸ 將小麥草與苜蓿芽分別擺入盤中，加入鮪魚罐頭後再分別灑上黑芝麻與白芝麻，最後再淋上作法2的醬料即完成。

桔味魷魚

 食材小百科

魷魚具有很高的營養價值，其蛋白質的含量可高達20%是
優良的蛋白質來源，而脂肪的含量卻只有1%，屬於低熱量
的食材；加上魷魚本身幾乎不含有膽固醇，因此也很適合
減肥者使用。此外魷魚含有不飽和脂肪酸（DHA、EPA）
及牛磺酸，能減少血管壁內所堆積的膽固醇，對於預防血
管硬化、膽結石的形成都具有不錯的效用。此外魷魚還含
有鈣質及維生素B群，有助於牙齒、骨骼的建構及維持人體
的健康。

 食材

魷魚	1尾
紫甘藍	1盒
萵苣	1顆
桔子醬	1大匙
液體酵素液	60cc

 作法

❶ 先將魷魚洗淨，以刀子交叉切出紋路後，再切成約4公
分小段，置於熱水中汆燙，撈出後置於冰水中冰鎮，備
用。

❷ 將紫甘藍洗淨，切成細絲，泡冰水3分鐘，瀝乾水分，
備用。

❸ 將萵苣洗淨後，以手捏成細小塊狀後，備用。

❹ 將桔子醬＋液體酵素液攪拌均勻後，備用。

❺ 取萵苣當底鋪於盤內，加入紫甘藍絲，再加入魷魚，最
後淋上作法4的醬料，即完成。

洋蔥海底雞

 食材小百科

洋蔥又名球蔥、玉蔥、大蔥頭，含有許多蛋白質、水分、膳食纖維、維生素A、C、礦物質（鈣、硒、鉀、鐵）及多種含硫化合物、類黃酮等豐富營養素。具有刺激食慾、開胃、幫助消化及清除體內自由基，及抗氧化作用。因此對於防癌也具有很好的效果。而洋蔥的鈣質含量豐富，能預防鈣質的流失，有助於改善骨質疏鬆症，含有的前列腺素A能降血壓、預防膽固醇及血栓，也很適合患有三高者使用，此外洋蔥具有熱量低又能幫助脂肪分解的特性，因此也深受減肥者喜愛。

 食材

洋蔥	2顆
海底雞罐頭	2罐
黑芝麻	1大匙
香油	少許
液體酵素液	90cc

 作法

❶ 將洋蔥去除外皮洗淨，切成細絲，置於冰水中冰鎮2小時以上，瀝乾水分，備用。

❷ 分別將洋蔥絲、海底雞罐頭及黑芝麻加入碗中，淋上液體酵素液及香油攪拌均勻，取出後擺入盤中，即完成。（可將成品置於冰箱內冷藏，待食用時再取出，口感更佳。）

梅粉雞肉絲

食材小百科

雞肉含有蛋白質、醣類、維生素A、維生素B群、礦物質（鈣、鐵、銅）等，而且其所含的脂肪量少，加上營養素種類豐富，因此具有增強體力、幫助恢復虛弱的效用；而在中醫典籍記載，雞肉的性味甘溫，功用廣泛，具有補中益氣、強筋健骨等功用，對於虛勞、消瘦、久病者皆能產生很好的食補效用。因此很適合小孩、老年人、病後或是產後婦女當作滋補元氣的食材來源。

食材

紅椒	1顆
黃椒	1顆
青椒	1顆
雞胸肉	1塊
液體酵素液	90cc
梅子粉	少許

作法

❶ 先將紅椒、黃椒、青椒分別洗淨去除蒂頭，以刀子對剖為二半，去除籽後切成絲，置於冰水中冰鎮，撈出瀝乾水分後加入少許梅子粉拌勻，備用。

❷ 將雞胸肉置於電鍋中蒸（外鍋加入一杯水），蒸熟後放涼，以手撕成絲狀，並浸泡於酵素液內，備用。

❸ 將作法1及作法2的食材全部置於碗內混合拌勻，盛盤，即完成。

鮮味海帶結

 食材小百科

海帶又名昆布，是一種可食用的藻類植物。海帶具有的營養價值非常豐富，其中以礦物質（鈣、磷、碘、鉀）、胡蘿蔔素、葉酸等為最多。海帶中的碘是人體甲狀腺素主要的成分，具有促進毛髮、指甲及牙齒的健康，同時也能促進血液中的脂肪代謝，幫助組織的生長發育。而海帶中所含的造血元素豐富，經常攝取也能提升人體的造血功能，具良好的補血功效。

 食材

海帶結	1盒
蟹肉腳	1盒
液體酵素液	60cc
醋	1小匙
檸檬	1顆

 作法

❶ 先將海帶結洗淨，以熱水汆燙至軟後，放入冰水中冰鎮，備用。

❷ 將蟹肉腳先撕成絲狀，再以熱水汆燙一下撈出後放涼，備用。

❸ 將檸檬洗淨、對切，以榨汁器榨汁，備用。

❹ 將液體酵素液＋醋＋檸檬汁混合拌勻，備用。

❺ 將所有食材放入碗中，再加入酵素檸檬汁，一同拌勻，盛盤，即完成。

精緻涼拌類

青椒培根絲

 食材小百科

青椒俗稱大同仔，具有不同的品種，有幼長形的尖椒、圓形的圓椒等。含有豐富的維生素A、維生素C、維生素K及鈣、鐵等多種礦物質。除了可以幫助改善人體的造血功能外，因其中含有維生素A及維生素K，能增加皮膚的抵抗力，讓皮膚變得更白晰、水嫩有彈性。青椒的食用方式簡單，除了可以加熱烹調外，也可以作成生菜沙拉或是果菜汁飲用。

 食材

青椒	1顆
培根	3片
海苔片	1大片
橘子汁	1大匙
液體酵素液	60cc
白芝麻	少許

 作法

❶ 將青椒洗淨、去籽，切成條狀後，以熱水汆燙一下，放入冰水中冰鎮，備用。

❷ 先將培根切成細長條絲後，置於鍋中煎熟，備用。

❸ 用剪刀將海苔片剪成細長條形，備用。

❹ 將液體酵素液＋橘子汁混合攪拌均勻後，備用。

❺ 將青椒絲、培根絲一同放入碗內，加入作法4的醬料攪拌均勻，盛盤後加入少許海苔絲，最後灑上少許白芝麻即完成。

橙汁酵素蘿蔔

 食材小百科

白蘿蔔俗稱菜頭，除了好吃適用於各種烹調方式外，也是代表吉祥的一種蔬菜。而白蘿蔔在本草綱目中也被喻為是「蔬中最有利益者」，於民間流傳俗諺「冬吃蘿蔔夏吃薑，不勞醫生開藥方」的口號，可見白蘿蔔的效益廣大。白蘿蔔含有多量的蛋白質、維生素C、鋅、膳食纖維、微量元素等，能幫助開胃、消化，加上其性味較涼，因此還有清熱氣、消食積、順氣、化痰、治喘等作用。

 食材

白蘿蔔	1條
紅椒	1顆
小黃瓜	1根
柳橙	1顆
液體酵素液	60cc

 作法

❶ 將白蘿蔔洗淨去皮，刨成細絲，以鹽巴抓醃一下，瀝乾水分後，備用。

❷ 將紅椒洗淨去除蒂頭，對剖成二半後去籽，切成絲狀後置於冰水中冰鎮，撈出瀝乾水分，備用。

❸ 將小黃瓜洗淨去除頭尾，以刨刀刨成細絲後，備用。

❹ 將柳橙洗淨後、對切，以榨汁器榨汁，備用。

❺ 將液體酵素液＋柳橙汁混合拌勻，備用。

❻ 將所有食材放入碗中，並加入橙汁酵素液混合拌勻後置於冰箱冷藏，於食用前取出擺盤，即完成。

精緻涼拌類

紫蘇苦瓜

 食材小百科

紫蘇梅為青梅加入紫蘇醃漬而成的製品，屬於蜜餞類食品；含有豐富鈣質、鐵質及β胡蘿蔔素等抗氧化物質。具有幫助消化、促進腸胃健康，對於美白及維持肌膚的健康也具有不錯的效用。加上紫蘇梅屬於強力鹼性食品，能中和酸性食物，可以改善現代人過於酸性的體質；此外紫蘇味辛性溫，具有生津止渴、淨化血液、解毒等功效。除了直接食用外，也可以入菜或是泡成飲品，使用方式多樣。

 食材

苦瓜	1顆
紫蘇梅	1碗
枸杞	少許
蜂蜜	少許
液體酵素液	60cc

 作法

❶ 將苦瓜洗淨、去除頭尾，對剖後將中間的籽去除，剖成4等分後再以斜切方式切成薄片，然後浸泡於冰水中2個小時以上，撈出瀝乾水分後，備用。

❷ 將苦瓜片置於碗內，分別加入液體酵素液、蜂蜜及紫蘇梅，浸泡至入味。

❸ 將枸杞以溫水泡開後，備用。

❹ 將紫蘇梅去籽，取出果肉，再切成小塊狀，備用。

❺ 將作法2的食材取出放入盤內，再加上少許枸杞，即完成。

酵素豆干絲

 食材小百科

豆乾絲是由豆類製成的食品，含有豐富的植物性蛋白質、維生素B群、礦物質（鈣、磷、鐵、鈉）及胡蘿蔔素等，且不含膽固醇，能降低體內膽固醇，很適合患有心血管疾病或是高血壓的患者食用。此外豆類中所含有的雌激素對女性而言，可以預防更年期的不適症狀，同時對於預防骨質疏鬆症亦具有良好的效用，加上豆類製品取得容易，是一種平價又具有高營養價值的食物喔。

 食材

白豆干絲	1盒	醋	1小匙
乾海帶芽	1/3碗	香油	少許
芹菜	1把	柴魚片	少許
液體酵素液	60cc		
日式醬油	1小匙		

 作法

❶ 將白豆干絲以熱水汆燙後，放入冰水中冰鎮一下，備用。

❷ 將海帶芽置於熱水中煮約2分鐘，撈出後放入冰水中冰鎮一下，備用。

❸ 將芹菜切絲，以熱水汆燙後，放入冰水中冰鎮一下，備用。

❹ 將液體酵素液＋日式醬油＋香油＋醋混合拌勻，備用。

❺ 將上述所有食材一同置於碗內混合均勻，盛盤後灑上少許柴魚片，即完成。

涼拌馬鈴薯

 食材小百科

紅蘿蔔又稱為胡蘿蔔、紅菜頭，為根莖類食物，因其對人體具有許多的益處，所以又有「小人蔘」的美名。紅蘿蔔含有豐富的β胡蘿蔔素，是一種重要的抗氧化物質，具有中和毒素、捕捉自由基的功用，能防止細胞產生病變及預防人體老化；且β胡蘿蔔素進入人體後會經由肝臟轉化為維生素A，可以維持眼睛的健康，預防乾眼症、夜盲症、同時具有維持皮膚健康等功效。而且紅蘿蔔因其外觀色澤鮮明，烹調過程中加入，可以增添菜餚美感及口感；除此之外，也可以涼拌或是打成蔬果汁，變化出不同的風味。

 食材

馬鈴薯	1顆
紅蘿蔔	1顆
液體酵素液	60cc
醋	少許
黑芝麻	少許

 作法

❶ 將馬鈴薯及紅蘿蔔分別洗淨、削去外皮後，切成細絲，置於熱水中汆燙後，再浸泡於冷水中冰鎮，備用。

❷ 將馬鈴薯絲及紅蘿蔔絲置於碗中，加入液體酵素液及醋拌勻，盛盤後再灑上少許黑芝麻，即完成。

涼拌珊瑚草

 食材小百科

珊瑚草，由於外形與珊瑚相似而得名。珊瑚草在《本草綱目》中記載為「鹽草」，古時即被視為長壽不老之珍貴補品，因其含有豐富的營養元素，如膠原蛋白、水溶性纖維及多種維生素與礦物質（鈣、鐵、鎂、鉀）等，營養價值廣泛，故又有「海底燕窩」的美名。珊瑚草具有清除宿便、排除體內毒素及改善腸胃不佳等效用，加上口感清爽料、熱量低，不失為夏日食材的好選擇。

 食材

珊瑚草		花生	少許
10公克（乾）		芫荽	少許
小黃瓜	1包	液體酵素液	90cc
小番茄	1盒	檸檬汁	少許

 作法

❶ 將珊瑚草先洗淨，浸泡於水中約一天的時間，其中每五至六個小時可以換水一次，最後再以白開水洗淨，備用。

❷ 將小黃瓜洗淨、去除頭尾後以刨刀刨成細絲狀，備用。

❸ 將小番茄洗淨，對剖後切成4等分，備用。

❹ 將芫荽洗淨，切成細碎狀，備用。

❺ 將檸檬洗淨、對切後，以榨汁器榨汁後，備用。

❻ 將液體酵素液＋檸檬汁混合拌勻，備用。

❼ 將珊瑚草、小黃瓜、小番茄及酵素檸檬汁拌勻擺入盤中，再加入少許花生米及芫荽，即完成。

干貝豆腐

 食材小百科

干貝又名扇貝、瑤柱、角帶子等，是我國著名的海產八珍之一，也是相當著名的水產食品。含有蛋白質、脂肪、碳水化合物、礦物質（鈣、磷、鐵、硒）等，及賦予干貝味道鮮甜的谷胺酸鈉。以中醫觀點而言，干貝性平、味甘，具有滋陰、補腎、利五臟等功效，食用後可以增加體力、補益健身。因此很適合食慾不振、消化不良、營養不良或是久病體虛者食用。

 食材

涼拌豆腐	1盒
干貝	3顆
毛豆仁	1大匙
液體酵素液	60cc
和風醬油	1大匙
柴魚片	少許
米酒	少許

 作法

❶ 先將干貝浸泡於米酒水（註）內約2小時，待軟後，撕成絲狀，置於鍋中汆燙後，備用。

❷ 將毛豆仁洗淨、置於鍋中汆燙後，備用。

❸ 取涼拌豆腐置於盤中，加入毛豆仁、干貝絲後再淋上和風醬油及液體酵素液，最後灑上少許柴魚片，即完成。

註：米酒水，即等比例的米酒＋水。

創意美味

選用獨特食材黑木耳、竹筍、起司、小黃瓜、海苔片等，融合巧妙的製作手法，以捲、拌、烤等方式。不受限於酵素的不耐熱特性，著重在食材製作方式的變化，創造出令人驚訝的美食佳餚。

將不同屬性的食物搭配在一起利用，誘發出食物本身的原味，即能創造出別具特色與風味的異想料理，觸動你前所未有的味覺饗宴。創意並不難，只要用心找出食物的味道再加上自己對美味的堅持，便能製作出與眾不同的創意美味。

- 地中海味
- 酵素蔬果樂
- 金桔酵素鴨
- 蟹肉蘆筍
- 柚香酵素蝦
- 三色木耳捲
- 蘆薈水果雞丁
- 培根豆腐捲
- 黃瓜玉米筍
- 酵素鮭魚捲
- 乳酪香菇
- 筍香肉片捲
- 高麗菜食蔬捲
- 海苔小黃瓜捲
- 山藥吐司捲

地中海味

食材小百科

大番茄屬於蔬菜，含有相當多的營養元素，如類胡蘿蔔素、維生素A、B群、C、礦物質（磷、鐵、鉀、鈉、鎂）、纖維質及最受到重視的茄紅素。番茄中所含有的茄紅素是蔬果中最為豐富的，是一種天然的抗氧化劑，有助於延緩老化、預防癌症，尤其是男性攝護腺癌。而所含的類胡蘿蔔素、維生素C等具有預防血管老化、美白等作用，加上其熱量低、纖維質含量高，除了深受愛美人士喜歡外，也很適用於進行體重控制者食用。

食材

蝦子	6尾
鳳梨	1顆
大番茄	1顆
苜蓿芽	1盒
液體酵素液	60cc

作法

❶ 先將蝦子洗淨去殼去腸泥，用熱水汆燙，撈出後置於冰水中冰鎮10分鐘，備用。

❷ 將苜蓿芽洗淨，置於冰水浸中泡3分鐘，瀝乾水分，備用。

❸ 將鳳梨洗淨去皮，切成輪片狀，備用。

❹ 將番茄洗淨去蒂後，一樣切成輪片狀，備用。

❺ 取鳳梨片當底，分別加上大番茄片、苜蓿芽及蝦子，最後淋上液體酵素液，即完成。

酵素蔬果樂

 食材小百科

萵苣含有蛋白質、維生素A、維生素C、礦物質（鈣、磷、鉀、鐵）及葉綠素，能促進腸胃蠕動、幫助消化及促進排便順暢，含有的鐵質可以幫助體內血紅素的建構，對於預防貧血也具有不錯的效果。醫學界認為，萵苣也非常適合老年人、糖尿病、孕婦或是患有心血管疾病者，作為營養食物的來源。加上其口感清脆，也很適合搭配肉類或是在炎熱的夏天食用喔！

 食材

萵苣	1顆
紫甘藍	1顆
小番茄	1盒
西洋芹	2根
白吐司	1片
花生粉	少許
液體酵素液	60cc

 作法

❶ 將萵苣及紫甘藍分別洗淨，去除水分，以手捏成碎片狀。

❷ 將小番茄洗淨、對切，備用。

❸ 將西洋芹洗淨、切成小丁塊，備用。

❹ 先將吐司先烤過後，再用剪刀剪成小丁塊。

❺ 將上述作法1~4食材置於碗中，淋上酵素液，再灑上少許花生粉，即完成。

金桔酵素鴨

 食材小百科

鴨肉含有豐富的蛋白質、維生素A、維生素B群、維生素E、礦物質（鉀、鐵、銅、鋅）及不飽和脂肪酸等營養素。能幫助維持神經循環正常、增強抵抗力、保護心臟，預防心血管疾病。而中醫記載，鴨肉性寒、味甘，歸脾、胃、肺、腎經，具有滋陰補虛、補血行水、養胃生津等作用，適合體質虛弱、病後調理或是需營養補充者食用。

 食材

熟鴨胸肉	1塊
西洋芹	2根
紅椒	1顆
金桔醬	1大匙
液體酵素液	60cc

 作法

❶ 將熟鴨胸肉切成約2公分大小的塊狀，備用。

❷ 將西洋芹洗淨，切成約2公分大小的塊狀，置於鍋中汆燙，再置於冰水中冰鎮後，備用。

❸ 將紅椒洗淨，切成約2公分大小的塊狀，備用。

❹ 先將液體酵素液＋金桔醬混合均勻，備用。

❺ 將所有食材擺入盤中，最後再淋上金桔酵素醬，即完成。

蟹肉蘆筍

 食材小百科

蟹肉含有豐富的蛋白質、維生素B群及礦物質（鈣、鐵）等營養素，可以促進人體的成長發育、強化骨骼和牙齒，且含有維生素B群，對於改善消除疲勞、穩定精神、恢復體力皆具有不錯的效用。而以中醫觀點而言，蟹肉性寒、味鹹，有手腳冰冷者、高血脂、痛風或是腸胃功能較弱者皆不宜多食。此外也不宜與涼性食物如柿子一同食用，以免造成腹瀉。

 食材

蟹肉	1盒
蘆筍	1把
紫甘藍	1顆
萵苣	1顆
液體酵素液	60cc
日式醬油	1小匙

 作法

❶ 將蟹肉洗淨、置於熱水中汆燙，撈出後置於冰水中冰鎮，備用。

❷ 將蘆筍切成約5cm長段，置於熱水中汆燙，撈出後置於冰水中冰鎮，備用。

❸ 將紫甘藍切成細絲，置於冰水中冰鎮後備用。

❹ 將萵苣用剪刀剪成如手掌般大小的圓形狀，備用。

❺ 將日式醬油+液體酵素液混合拌勻，備用。

❻ 取一片萵苣，分別加入紫甘藍絲、蘆筍段及蟹肉，最後淋上作法5的醬料即完成。

柚香酵素蝦

 食材小百科

柚子又稱為文旦，含有豐富的維生素C、維生素P（生物類黃酮）、有機酸、鈣質、蛋白質等營養素，熱量低，且表皮又含有珍貴的精油成分。加上因同時含有維生素C與維生素P共存，具有強化維生素C的作用，除了可以預防腦血栓、改善微血管的功能外，還有助於養顏美容、促進傷口癒合及幫助消除人體疲勞等效用。

 食材

蝦子	10尾
柚子肉	1碗
柚子皮	1小盤
柚子汁	1大匙
液體酵素液	60cc

 作法

❶ 先將蝦子去殼去腸泥，用熱水汆燙，撈出後置於冰水中冰鎮，備用。

❷ 將柚子去皮、去籽，取出果肉並將其剝成小塊狀，備用。

❸ 取一部分柚子肉以紗布包覆，用手捏出汁液後，備用。

❹ 將剝下來的柚子皮洗淨、切成細絲，備用。

❺ 將柚子汁＋液體酵素液混合拌勻，備用。

❻ 將柚子肉及蝦子分別擺入盤中，再淋上酵素柚子汁，最後再加入柚子皮絲，即完成。

三色木耳捲

 食材小百科

茭白筍，又名水筍、美人腿，含有大量的水分、維生素、礦物質及纖維質；其性質在中醫學上屬於性甘、寒，有清熱、利尿的效果，很適合在胃口不佳的夏季食用。此外因其熱量低、纖維質含量豐富，在減肥時期食用除了不會造成身體的負擔，又有助於體內毒素的排出，對於維持健康體態具有良好的效果。

 食材

黑木耳	1盒
茭白筍	1盒
紅蘿蔔	1盒
小黃瓜	1盒
液體酵素液	60cc
日式醬油	1小匙

 作法

❶ 將黑木耳以剪刀剪成長條形，置於熱水中汆燙，撈出後備用。

❷ 將茭白筍切成約6公分長段，置於熱水中汆燙，撈出置於冰水中冰鎮後，備用。

❸ 將紅蘿蔔洗淨，切成約6公分長段，置於熱水中汆燙，撈出置於冰水中冰鎮後，備用。

❹ 將小黃瓜洗淨、切成約6公分長段，置於冰水中冰鎮後，備用。

❺ 將液體酵素液+日式醬油混合均勻，備用。

❻ 取黑木耳段，將上述作法2~4的食材包入，再淋上作法5的醬料，即完成。

蘆薈水果雞丁

 食材小百科

蘆薈（Aloe）原產於熱帶非洲，屬於百合科植物。蘆薈的種類繁多，有的可食，有的不可食。其主要成分含有多種維生素A、維生素B群、礦物質（鐵、鋅、鈣）及多種微量元素，還含有蘆薈素、蘆薈瀉素、多醣體、葉綠素等多種營養成分，因此蘆薈的效用非常廣泛。食用蘆薈可以提高人體的免疫力、增加人體對抗病毒的感染力、能幫助傷口復原、促進腸胃蠕動、消除便秘等功能。唯其性味苦寒，不適合脾胃虛寒、經常腹瀉者或是孕婦食用。

 食材

即食蘆薈	1瓶
小番茄	1盒
雞胸肉	1塊
液體酵素液	90cc
柚子醬	少許
葡萄乾	少許

 作法

❶ 先將小番茄洗淨、對切為二瓣，備用。

❷ 將雞胸肉置於電鍋中（外鍋加入一杯水），蒸熟後放涼切成丁塊狀，備用。

❸ 將液體酵素液+柚子醬混合拌勻後，備用。

❹ 將即食蘆薈丁、小番茄及雞胸肉等食材放入碗內，淋上柚子酵素醬，再灑上少許葡萄乾，即完成。

培根豆腐捲

 食材小百科

四季豆又稱為菜豆。屬於豆科植物，含有豐富的蛋白質、胡蘿蔔素、維生素B群、維生素C、鐵、鈣等營養素。四季豆的食療價值多樣，對於脾胃具有良好的助益，能增進食慾、促進造血功能，且含有非水溶性膳食纖維，可促進腸胃蠕動，對於消除便秘也具有不錯的效用。此外，四季豆因其本身營養素均衡，且具有良好的外觀，再加上口感上沒有特殊的氣味，所以小朋友的接受度也高，很適合當作寶寶的副食品食材來源。

 食材

四季豆	1盒
百頁豆腐	1塊
培根片	1盒
液體酵素液	90cc

 作法

❶ 將四季豆洗淨，去除頭尾硬部及外絲，再切成3等分，以熱水汆燙後放入冰水中冰鎮約十分鐘後，撈出瀝乾水分，再浸泡於酵素液內，備用。

❷ 將百頁豆腐切成細長段後，置於鍋中乾扁一下，備用。

❸ 將培根片先置於鍋中煎熟後放涼，備用。

❹ 以培根片當底，分別加入四季豆及百頁豆腐，捲起後擺盤，即完成。

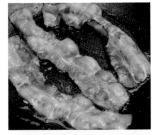
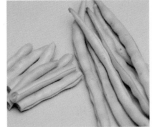

黃瓜玉米筍

 食材小百科

玉米筍，又稱為小玉米，和玉米是一樣的，只是在玉米果穗尚未發育完成前，採食其幼穗當作蔬菜使用。玉米筍和玉米一樣具有非常豐富的蛋白質、胺基酸、維生素B群、維生素C、礦物質（鐵、磷、鈣）及微量營養素。尤其玉米含有玉米黃素及葉黃素，可去除眼睛的活性氧，具有預防黃斑部病變的功效，同時具有維護正常視力及預防白內障的效果。此外玉米還具有促進腸道蠕動、消除浮腫、減脂、降血壓等作用，也是食療價值非常廣泛的食材之一。

 食材

小黃瓜	1包
小玉米	1盒
苜蓿芽	少許
小番茄	5顆
液體酵素液	90cc

 作法

❶ 將小黃瓜洗淨去除頭尾，橫切後以刨刀刨出長條片狀，置於冰水中浸泡，備用。

❷ 將玉米筍去除較硬的蒂頭及較粗的玉米鬚後，以熱水汆燙，放入冰水中冰鎮一下，撈出瀝乾水分後，將其浸泡於液體酵素液內，備用。

❸ 取刨好的小黃瓜片加入小玉米筍後捲起即可，利用苜蓿芽及小番茄當作盤飾，將包好的黃瓜玉米筍擺入，即完成。

創意美味

酵素鮭魚捲

 食材小百科

鮭魚含有蛋白質、Omega-3脂肪酸、維生素A、維生素B群、維生素D、維生素E及礦物質（鈣、鐵）、等營養素。鮭魚所含的脂肪除了有不飽和脂肪酸外，還提供必需的脂肪酸EPA和DHA，具有清除體內的三酸甘油脂、降低血膽固醇、保護眼睛、活化腦細胞延緩老化，進而防止罹患老人痴呆及心血管等疾病；此外鮭魚含有豐富的維生素A，除了可以預防感冒外，也能預防皮膚乾燥，加上其熱量低，因此也很深受女性朋友的喜愛。

 食材

鮭魚片	6片
洋蔥	1顆
小黃瓜	1根
液體酵素液	60cc
黑芝麻	少許

 作法

❶ 先將洋蔥，洗淨，去除外皮後，切成細長條狀，置於冰水中先冰鎮約2小時後，取出瀝乾水分後，再浸泡於酵素液中，備用。

❷ 將小黃瓜去除頭尾後，切成細絲後，先以冰水冰鎮一下，再浸泡於酵素液中，備用。

❸ 取鮭魚片、分別加入洋蔥絲及小黃瓜絲，捲起後擺入盤中，最後再加入少許的黑芝麻，即完成。（食用時可以搭配哇沙米一同使用口感更佳。）

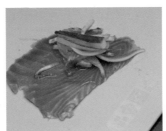

乳酪香菇

 食材小百科

香菇為傳統八大山珍之一，營養豐富，是相當名貴的食材。含有豐富的蛋白質，其中又包含許多人體必需的胺基酸、核酸、維生素B群、維生素C、葉酸，及礦物質（鐵、銅、鈣）等。多吃香菇可以幫助人體促進造血功能、預防感冒、降低膽固醇及血壓，且能增強人體的抵抗力、預防癌症。而中醫記載香菇性味甘、平，具有健脾胃、益智安神、養顏美容等功效，是一種很適合全家大小一同使用的食材喔！

 食材

新鮮香菇	10朵
紅蘿蔔	1根
洋蔥	1顆
青椒	1顆
黃芥茉	1小匙
液體酵素液	60cc
乳酪絲	少許

作法

❶ 將新鮮香菇洗淨去除蒂後，先置於鍋中以熱水氽燙，放涼後，備用。

❷ 將紅蘿蔔洗淨、去皮，切成細小丁狀，以熱水氽燙，放涼後，備用。

❸ 將洋蔥洗淨、去皮，切成細小丁狀，以熱水氽燙，放涼後，備用。

❹ 將青椒洗淨、去籽，切成細小丁狀，以熱水氽燙，放涼後，備用。

❺ 取香菇，分別置入紅蘿蔔丁、洋蔥丁及青椒丁，加入乳酪絲後置於烤箱烤約3分鐘，待乳酪絲融化後即可取出淋上液體酵素液，再加上少許黃芥茉，即完成。

筍香肉片捲

 食材小百科

竹筍又名筍、竹萌、竹芽，依季節又可分為冬筍和春筍。含有蛋白質、脂肪、醣類、維生素B群、礦物質（鈣、磷）、及纖維質等營養素。具有促進腸道蠕動、幫助消化、防止便秘的效用。以中醫角度，竹筍性味甘寒，具有滋陰涼血、解渴除煩、利尿通便的功效；而竹筍本身因具有高蛋白、低澱粉、低脂肪、高纖維等特點，可以減少體內脂肪的堆積，很適合減肥者食用喔。

 食材

豬肉片	1盒
紅蘿蔔	1根
竹筍	1根
青蔥	2根
液體酵素液	60cc
檸檬汁	1大匙
醬油	少許

 作法

❶ 先將肉片以醬油醃製約半小時後，備用。

❷ 將竹筍洗淨，去皮，切成條狀，備用。

❸ 將紅蘿蔔洗淨、去除外皮後，切成條狀，備用。

❹ 將青蔥洗淨，去除蒂頭後，切成條狀，備用。

❺ 先將液體酵素液+檸檬汁混合均勻，備用。

❻ 取出醃好的豬肉片，分別加入竹筍條、紅蘿蔔條、青蔥捲起後，置於烤箱中烤至熟（約10分鐘）。

❼ 取出烤好的豬肉捲，淋上酵素檸檬汁，即完成。

高麗菜食蔬捲

 食材小百科

高麗菜又稱包心菜、甘藍菜，是屬於十字花科蔬菜。含有豐富的維生素B群、維生素C及礦物質（鈣、磷、鉀、鎂）和膳食纖維，所含的營養素具有凝固血液的功效，促進排便、防止高血壓及抗氧化等作用。此外，因為高麗菜含有維生素K、U等抗潰瘍因子，可以修復體內受損組織的效用，對於胃潰瘍和十二指腸潰瘍具有很好的預防及改善效果，患有胃部相關疾病者可以多多食用。

 食材

高麗菜	1／2顆
素豆包	2塊
紅蘿蔔	1根
小黃瓜	1根
黑木耳	2片
液體酵素液	60cc
番茄醬	少許
醬油	少許

 作法

❶ 將高麗菜，一片一片取出，洗淨，置於鍋中汆燙後放涼，備用。

❷ 將素豆包、黑木耳分別洗淨、切成細絲，備用。

❸ 將紅蘿蔔洗淨、去除外皮後，以刨刀刨絲後，備用。

❹ 將小黃瓜洗淨，去除頭尾後，以刨刀刨絲後，備用。

❺ 將上述作法2、3、4的食材全部置於鍋中拌炒至熟，起鍋前可以加入少許醬油拌炒，待涼後再加入酵素液拌勻。

❻ 取汆燙後的高麗菜葉，將作法5的食材包入菜葉中。再對切成二等分，擺入盤中，最後再加入少許番茄醬，即完成。

海苔小黃瓜捲

食材小百科

起司又稱為乳酪、乾酪,含有豐富的蛋白質、維生素B群、鈣質等營養成分。而起司內含的蛋白質因為經乳酸菌發酵分解,所以比起牛奶更容易被人體吸收,對於患有乳糖不耐症者而言,是很好的乳製品取代物。起司含有豐富的鈣質,能強健牙齒及骨骼,對於成長中的兒童及青少年,或是孕婦及體力消耗過量者而言,是很好的營養補充品。唯其熱量及脂肪含量較高,因此不建議一次食用過多,避免造成身體的負擔。

食材

火腿片	1盒
小黃瓜	1包
即食蕎麥蒟蒻	1包
起司片	1盒
液體酵素液	90cc
海苔片	1包

作法

❶ 將小黃瓜先洗淨、切成長條狀後,置於冰水中先冰鎮約十分鐘後,撈出瀝乾水分後,再浸泡於酵素液內,備用。

❷ 將蒟蒻切成與小黃瓜相同長度的長條後,浸泡於酵素液內,備用。

❸ 先將火腿片置於鍋中煎至兩面呈現金黃色即可。

❹ 取火腿片當底、依續加入起司片、小黃瓜條及蒟蒻條,捲起後,外層再以海苔片包覆後捲起,切成三等分,擺入盤中,即完成。

山藥吐司捲

 食材小百科

山藥含有豐富的營養素：醣類、蛋白質、維生素B群等，其中最特殊的是山藥具有黏質的黏液蛋白及含有豐富的消化酵素，能促進腸道消化；另一項特殊的成分為皂苷，是人體內製造荷爾蒙的重要成分。而中醫認為，山藥性甘、平，具有健脾益腎、補氣養陰、補虛、潤皮毛；加上山藥的熱量低，又能減少皮下脂肪的堆積，能利水消腫，對於減肥者而言是一種不易發胖的食材喔！

 食材

全麥吐司	2片
山藥	1小段
紫甘藍	少許
起司片	1盒
液體酵素液	60cc

 作法

❶ 將全麥吐司先放入烤麵包機，烤至外皮呈金黃色，備用。

❷ 將山藥洗淨、去皮，切成長條狀，浸泡酵素液後，備用。

❸ 將紫甘藍洗淨、切成細絲狀後，浸泡於冰水中先冰鎮一下，備用。

❹ 取全麥吐司當底，加入一片起司片，加入紫甘藍細絲後再加入山藥，捲起後再對切成二等分，擺盤，即完成。

特色佳餚

別以為輕食就一定會吃不飽，如何利用主食類食材佐以不同的料理方式及食材，製作出具有飽足感且集色、香、味於一身的輕食。在選用食材上便需要下一番功夫：

原來常吃的米、麵類、捲餅、吐司等主食只要配上沙拉醬、和風醬油、柴魚等調味料，稍加組合改變一下，即可變化出不同以往口感的料理。發揮巧思讓平凡的食材變得更加不一樣，不只吃出飽足感也能同時讓人吃出具有幸福滋味的滿足感。

- 糙米酵素拌飯
- 烏龍冷麵
- 牛蒡蒟蒻涼麵
- 海之味冬粉
- 乾果燕麥粥
- 菱角吐司
- 墨西哥酵素捲餅
- 繽紛雙色
- 花開富貴
- 洋芋黃瓜沙拉
- 菠菜鮲仔魚
- 南瓜燕麥沙拉
- 彩椒雙菇
- 酵素蛋捲

糙米酵素拌飯

 食材小百科

糙米又稱為玄米、發芽米，是收割後的稻米經去除不可吃的外殼後所得的米。糙米含有
8種氨基酸、16種礦物質及多種維生素，比起白米而言，糙米是更具均衡營養價值的食
物。糙米含有豐富的維生素E，可以對抗體內自由基，防止老化、促進血液循環系統。
而富含的膳食纖維可以增加腸道蠕動的作用，具有防止便秘及清除體內毒素等效果；此
外多吃糙米對於改善貧血也具有良好的效用。

 食材

熟糙米飯	1碗
高麗菜	1/4顆
紅蘿蔔	1/2根
香菇	3朵
蔥花	少許
液體酵素液	60cc
柴魚片	少許

 作法

❶ 將高麗菜洗淨、切成細絲後，置於鍋中拌炒至熟，備用。

❷ 將香菇洗淨去除蒂頭，切成片狀後，置於鍋中拌炒至
熟，備用。

❸ 將紅蘿蔔洗淨、去除外皮後，用刨刀刨成細絲後，置於
鍋中拌炒至熟，備用。

❹ 將糙米飯置於碗內加入液體酵素液拌勻，再分別加入高
麗菜絲、香菇絲及紅蘿蔔絲，灑上蔥花，最後再加入少
許柴魚片，即完成。

烏龍冷麵

 食材小百科

黑木耳為常用的食用菌之一，其營養價值非常高，含有豐富的蛋白質、維生素B群、維生素C及礦物質（鈣、鐵）。經現代醫學研究，黑木耳具有降低血液黏稠度、促進血液循環的作用，能預防血栓的形成及幫助溶解血栓，具有，預防動脈硬化的功效。若以中醫觀點來看，黑木耳味甘、性平、入胃及大腸經，有活血補血、利五臟、清肺益氣及健胃等功效。鐵質含量豐富有助於改善貧血，加上熱量低、纖維質含量高等特性，因此也很深受減肥者喜愛。

 食材

烏龍麵	1包	液體酵素液	60cc
紅蘿蔔	1/2根	日式醬油	1大匙
青椒	1顆	柴魚片	少許
黑木耳	1盒		

 作法

❶ 將烏龍麵置於熱中水汆燙，撈出放入冰水中冰鎮後，備用。

❷ 將紅蘿蔔及黑木耳分別洗淨，切絲，置於熱中水汆燙，撈出置於冰水中冰鎮後，備用。

❸ 將青椒洗淨切絲後，備用。

❹ 將液體酵素液+日式醬油混合均勻，備用。

❺ 取烏龍麵置於碗內，分別加入紅蘿蔔絲、青椒絲及黑木耳絲，再將作法4的醬料淋上，最後灑上少許柴魚片，即完成。

牛蒡蒟蒻涼麵

 食材小百科

牛蒡為菊科草本植物，又稱為吳帽、吳某。牛蒡所含的營養素包括蛋白質、菊糖、寡糖、胡蘿蔔素、維生素B群、維生素C及礦物質（鉀、鈣、鎂）、膳食纖維等。因同時含有寡糖及膳食纖維，對於健胃整腸、消除脹氣、改善排便及排除體內毒素具有良好的效用，也因此能預防大腸、直腸癌。而牛蒡除了可以當作食材外，也能當成藥材使用，具有利尿、解毒、消腫等作用，很適合糖尿病患者及腸道保健者食用。

 食材

牛蒡	1根
即食蒟蒻麵	1盒
紅蘿蔔	1根
蔥花	少許
液體酵素液	60cc
和風醬油	1大匙
黑芝麻	少許

 作法

❶ 先將牛蒡洗淨、去皮，刨成細絲後，以熱水汆燙一下後，泡於冰水中冰鎮，備用。

❷ 將紅蘿蔔洗淨、去皮，刨成細絲後，以熱水汆燙一下後，泡於冰水中冰鎮，備用。

❸ 取蒟蒻麵置於碗中，分別加入牛蒡絲、紅蘿蔔絲、和風醬油及酵素液拌勻，擺入盤中，上灑少許黑芝麻和蔥花，即完成。

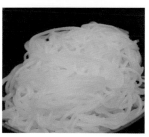

海之味冬粉

 食材小百科

芹菜含有豐富的膳食纖維、粗纖維、β胡蘿蔔素、及多種維生素和礦物質。其中維生素P及礦物質鉀能增加血管彈性、維持正常血壓，很適合高血壓患者或是心血管疾病患者食用。而所含的膳食纖維則具有促進腸道蠕動、加速體內糞便排出的效果，對於改善便秘也具有良好的作用。

 食材

冬粉	1把
鳳梨	1顆
蟹肉腳	1盒
芹菜	1把
鳳梨汁	少許
液體酵素液	60cc

 作法

❶ 冬粉以熱水泡開至軟後，用剪刀剪成小段後，備用。

❷ 將蟹肉腳先撕成絲狀，再以熱水氽燙一下後撈出放冷，備用。

❸ 將鳳梨洗淨、去除外皮後，分成二等分，一半切成細長條狀備用，另外一半的鳳梨將其榨汁後備用。

❹ 將芹菜洗淨切成細碎狀，備用。

❺ 將液體酵素液+鳳梨汁拌均勻後，備用。

❻ 將所有食材置於碗中，再淋上酵素鳳梨汁，盛盤後再加入芹菜碎，即完成。

乾果燕麥粥

 食材小百科

燕麥又稱野麥或雀麥，為禾本科草本植物燕麥的種子。
燕麥的營養價值極高，其所含的蛋白質高於白米，且含
有人體所必需的胺基酸、脂肪酸、維生素、礦物質及食
物纖維。而燕麥中含有的水溶性纖維 β-聚葡萄醣（β-
glucan），能降低血中膽固醇及低密度脂蛋白，具有潤腸通
便、保護心血管的效用。加上燕麥含有豐富的維生素B群及
葉酸，可以幫助消除疲勞、改善血液循環、促進生長發育
及具有調節脂肪及幫助減肥等效果。因此養生功效日益受
到大眾的重視。

 食材

即食燕麥片	1盤
綜合乾果(註)	1碗
液體酵素液	60cc

 作法

❶ 取液體酵素液60cc，加入約5倍水稀釋（注意水溫需在
45℃以下）。

❷ 將即食燕麥片及綜合乾果分別加入稀釋過的酵素液內即
完成。

　　註：綜合乾果內含有核桃、杏仁、腰果、葡萄乾、黑
　　　　豆、南瓜子、蔓越莓等。

菱角吐司

 食材小百科

菱角是菱類的果實，因外形有角，故稱為菱角，又名菱或龍角。菱角含有豐富的澱粉、蛋白質、鈣、鐵、磷等多種礦物質及抗氧化物，營養價值豐富。在中醫典籍的記載中，菱角性味甘涼，入胃及大腸經，能安中補五臟，可以替代穀類食物，具有益腸胃、健脾的效用。常吃菱角具有補身、保健康的效果，很適合體質虛弱、成長發育中的孩童或是老年人食用。此外菱角具有利水及增加飽足感的作用，也很適合減肥者食用喔。

 食材

熟菱角	半斤
吐司	2片
蘆筍	1把
番茄醬	少許
液體酵素液	20cc

 作法

❶ 先將吐司烤過，剪成二等分，塗上液體酵素液，備用。

❷ 將蘆筍切成約6cm長段，置於熱中水汆燙，撈出後置於冰水中冰鎮，備用。

❸ 將菱角去殼、取出果肉，用湯匙壓碎後，備用。

❹ 以酵素吐司當底，鋪上蘆筍，再將菱角碎加入，最後加入番茄醬，即完成。

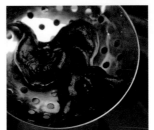
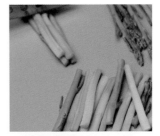

墨西哥酵素捲餅

 食材小百科

酪梨又稱為牛油果、鱷梨，含有α-胡蘿蔔素、維生素B6、維生素E、及脂肪等營養成分。α-胡蘿蔔素、維生素E同屬於脂溶性的營養素，需要有不飽和脂肪酸，人體才能完全吸收利用，而酪梨剛好就具備這些條件，因此具有抗氧化、減少體內低密度脂蛋白氧化作用，有助於減少冠狀動脈粥狀硬化發生，是一種有益心臟的好水果。

 食材

墨西哥餅皮	1張
熟卡啦雞腿	1塊
酪梨	1顆
美生菜	1顆
黃芥末醬	少許
液體酵素液	30cc

 作法

❶ 先將墨西哥餅皮置於鍋中乾煎至雙面呈現金黃色狀，備用。

❷ 將熟的卡啦雞腿切成細長條狀，備用。

❸ 將酪梨洗淨，對切去籽後取出果肉切成細長條狀，備用。

❹ 取墨西哥餅皮當底，淋上液體酵素液，依序加入美生菜、卡啦雞腿及酪梨，最後再淋上少許的黃芥末醬，捲起後，即完成。

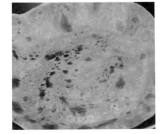

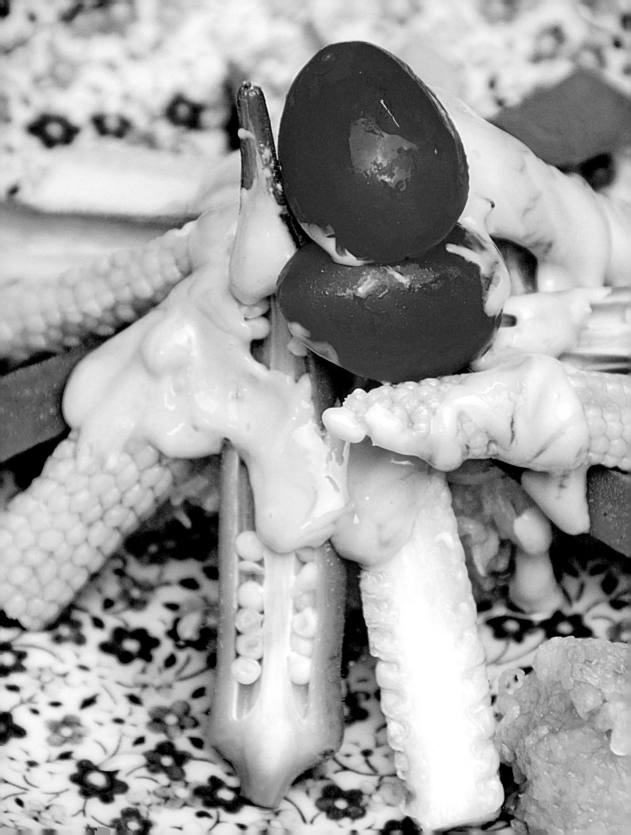

繽紛雙色

 食材小百科

秋葵又名黃蜀葵、羊角豆等。秋葵的表皮有一層毛毛的細毛，裡頭帶有黏黏的汁液，過去一般人對於這樣的口感接受度不高，但是其黏液裡卻含有豐富的營養成分，如礦物質（鈣、鎂、鉀）、葉酸、脂溶性維生素A、維生素K及膳食纖維，對於保護胃壁、降低血壓、預防大腸癌、補充鈣質等都具有很好的效用。

 食材

秋葵	1盒
小玉米筍	1盒
白蘿蔔	1根
液體酵素液	60cc
沙拉醬	1大匙

 作法

❶ 將秋葵洗淨去除蒂頭，以刀子從中間對剖成二半，置於熱水中汆燙後，放入冰水中冰鎮，備用。

❷ 將小玉米筍洗淨、對剖成二半，置於熱水中汆燙後，放入冰水中冰鎮，備用。

❸ 將白蘿蔔洗淨、去皮、刨成細絲後瀝乾水分，加入酵素液拌勻後，備用。

❹ 將液體酵素液＋沙拉醬攪拌均勻後，備用。

❺ 先將白蘿蔔絲置於盤中，再將秋葵與小玉米筍分別擺上，再淋上酵素沙拉醬，即完成。

花開富貴

 食材小百科

花椰菜又名菜花、青花菜，有白色和綠色兩種，其所含的
營養素大多相似，只是綠色的花椰菜內所含的胡蘿蔔素較
高。兩者皆含有豐富的維生素B群、維生素C、維生素K、
礦物質（鉀、鉻），能提高人體的免疫力並預防感冒，能
增強血管壁的韌性，具有調節血糖、血脂及預防高血壓的
效用。且花椰菜的含水量高、熱量低，可以增加飽足感，
也很適合減肥族群食用。

 食材

綠花椰菜	1顆
白花椰菜	1顆
醬油膏	1大匙
液體酵素液	60cc
枸杞	少許

 作法

❶ 將綠花椰菜洗淨，一朵一朵切下，去除外層較厚的
　皮，以熱水汆燙後，放入冰水中冰鎮一下，備用。

❷ 白花椰菜的作法同上述作法1。

❸ 枸杞以溫水浸泡後，備用。

❹ 將液體酵素液+醬油膏混合攪拌均勻後，備用。

❺ 將花椰菜分別擺入盤中，淋上作法4的醬料後，再加
　入少許枸杞，即完成。

洋芋黃瓜沙拉

 食材小百科

馬鈴薯又名洋芋，屬於根莖蔬菜類中的塊莖，除了可以當作蔬菜烹調外，也可當作澱粉質的主食來源。馬鈴薯主要成分為澱粉、蛋白質、維生素B群、維生素C與鉀、鎂等；所含的維生素C可保持血管的彈性、預防脂肪的沉積，可有效預防壞血病；而鉀具有降血壓及預防腦血管破裂的危險。中醫的觀點認為，馬鈴薯具有健脾和胃，益氣調中，緩急止痛等作用，故可以用於改善消化不良或是大便不暢等症狀。

 食材

馬鈴薯	1顆
培根	1包
小黃瓜	1包
液體酵素液	60cc
美奶滋	1大匙

 作法

❶ 將馬鈴薯洗淨保留外皮，直接置於電鍋中蒸至熟透（外鍋約加2杯水）。待涼後，取出，並用湯匙壓成泥狀，備用。

❷ 將培根先煎熟，待放涼後再切成細碎狀，備用。

❸ 將小黃瓜洗淨，去除頭尾後，切成細碎狀，備用。

❹ 將上述所有食材置於碗內，加入液體酵素液、美奶滋一同混合拌勻，再捏成圓形，擺入盤中，即完成。

菠菜魩仔魚

 食材小百科

魩仔魚非指單一種魚類,而是由數十至數百種類的魚苗總稱,但主要為鰻魚類和沙丁魚類魚苗。含有豐富的蛋白質、維生素A、維生素C及礦物質(鈣、鈉、鉀、磷),且脂肪含量少,加上魚骨極細軟,很容易被人體消化吸收,能幫助骨骼的發育、增強骨本、促進鈣質吸收,同時也能預防貧血。對於孕婦及成長發育中的孩童而言,是非常好的食材;此外魩仔魚亦可用於製作嬰兒副食品的良好食材來源!

 食材

菠菜	1把
魩仔魚	1大匙
液體酵素液	60cc
日式醬油	1大匙
黑芝麻	少許
白芝麻	少許

 作法

❶ 先將菠菜洗淨、去除蒂頭後,切成約5公分的長段,再置於熱水中汆燙,撈起後再置於冰水中冰鎮,備用。

❷ 將魩仔魚洗淨,去除水分後,置於鍋中炸至金黃色,撈起後,備用。

❸ 將液體酵素液+日式醬油混合均勻。

❹ 將菠菜置於盤內,加入魩仔魚,淋上日式醬油酵素液,最後再灑上少許黑芝麻及白芝麻,即完成。

南瓜燕麥沙拉

 食材小百科

南瓜是葫蘆科南瓜屬的植物，又名麥瓜、金瓜。南瓜含有蛋白質、脂肪、糖類、膳食纖維、果膠、胺基酸、維生素、胡蘿蔔素、鋅等。從現代醫學研究得知，南瓜能防治高血壓、糖尿病及肝臟疾病，是很好的防癌食材之一。而以中醫觀點而言，南瓜性溫味甘，入脾、胃二經，具有補中益氣、消炎止痛、生肝氣等作用。唯其所含豐富的胡蘿蔔素長期食用後，會造成皮膚有色素沉澱的情形產生，因此建議適量食用即可。

 食材

南瓜	1/2顆
白煮蛋	2顆
小黃瓜	1根
即食燕麥片	2大匙
液體酵素液	30cc
美奶滋	1大匙
黑芝麻	少許

 作法

❶ 先將南瓜洗淨、去皮、去籽，切塊後置入電鍋中蒸熟（外鍋加入1杯水），取出壓成泥狀，備用。

❷ 將水煮蛋切碎後，備用。

❸ 將小黃瓜洗淨、去除頭尾，以刨刀刨成細絲後，鋪入盤中，備用。

❹ 取南瓜泥，分別加入即食燕麥片、蛋碎、液體酵素液及美奶滋，攪拌均勻後，整成圓形狀，擺入作法3的盤內，最後加入少許黑芝麻，即完成。

彩椒雙菇

食材小百科

甜椒含有豐富的 β 胡蘿蔔素、維生素A、維生素B群、維生素C、維生素K及礦物質（鉀、磷、鐵）等營養素，能增強免疫力、提升體內對抗自由基的能力，減少心臟病和癌症的發生，同時具有保護視力、活化細胞組織、促進新陳代謝等作用，所以有助於維持肌膚白皙亮麗；此外甜椒也含有類黃酮物質，可以預防微血管出血、牙齦出血等症狀。

 食材

鴻禧菇	1盒
美白菇	1盒
紅椒	1顆
青椒	1顆
黃椒	1顆
液體酵素液	60cc
和風醬油	1大匙
橄欖油	1小匙

 作法

❶ 將鴻禧菇、美白菇分別洗淨、切段，置於鍋中汆燙至熟後，備用。

❷ 分別將紅椒、黃椒及青椒洗淨，去除蒂頭及籽，切成長段後，置於冰水中冰鎮一下，備用。

❸ 先將液體酵素液+和風醬油混合均勻，備用。

❹ 將作法1、2的食材置於碗中拌勻，再加上作法3的醬汁，最後再淋上少許橄欖油拌一下，擺入盤中，即完成。

酵素蛋捲

 食材小百科

菠菜具有非常好的營養價值，除了富含蛋白質、礦物質（鈣、鐵）、胡蘿蔔素、膳食纖維外，又含有豐富的維他命C、維生素K及葉酸；具良好的補血效用，能促進腸道蠕動，幫助排便；而所含的維生素K具有促進骨鈣形成的作用，能提高骨密度，對於維持骨骼健康具有很好的幫助。此外菠菜也含有一種類胰島素的物質，具保持血糖穩定的效果，因此也很適合糖尿病人食用。

 食材

菠菜	1把
雞蛋	2顆
海苔片	2片
液體酵素液	60cc
日式醬油	1大匙
白芝麻	少許

 作法

❶ 將液體酵素液＋日式醬油先混合均勻。

❷ 將菠菜洗淨、去除蒂頭後，整根置於熱水中汆燙後撈起、置於冰水中冰鎮，再浸泡於作法1中。

❸ 將雞蛋洗淨、置於碗中打散，加入少許鹽巴，放入平底鍋中煎至雙面呈現金黃色即可。

❹ 以煎好的蛋皮當底，將作法2的菠菜放入後捲起，最後再置於海苔片上捲起即可。

❺ 將捲好的菠菜蛋捲切成4等分，灑上少許白芝麻擺盤，即完成。

風味點心

吃膩了山珍海味，偶爾也需要些小品點心來轉換一下自己的味蕾感覺。風味點心選用了夏季最繽紛的水果如鳳梨、木瓜、香瓜、仙草、冰淇淋……等清涼消暑的當令食材，搭配酵素液製作成餅乾、冰淇淋、法式點心等多種意想不到的組合。

開啟味覺的驚奇體驗，融合色彩鮮豔的視覺饗宴，一次滿足愛好美食者挑剔的心。風味點心具有多層次口感變化，最適合當成喜愛嘗鮮者或是三五好友相聚時的下午茶料理。

- 法式草莓吐司
- 果趣豆皮壽司
- 奇異戀曲
- 鳳梨火腿夾
- 珍珠粉木瓜船
- 香瓜仙草盅
- 熱帶風情
- 哈蜜瓜之吻
- 百香冰淇淋
- 石榴蘆薈優格
- 冰淇淋之戀
- 果泥酵素餅
- 酵素夾心餅
- 香蕉巧克力酥
- 番茄寶盒

法式草莓吐司

 食材小百科

草莓又名紅莓、楊莓，是多年生的草本植物，外觀顏色鮮紅，外形呈心形，果肉柔軟，酸甜可口，香味芬芳濃郁，集色、香、味於一身，是種很難得的水果，因此又被譽為「果中皇后」。草莓含有果糖、胡蘿蔔素、維生素、膳食纖維及果酸，尤其所含的維生素C非常豐富，能補充營養、抗壞血酸，同時還有美白的效用；對於改善便秘、高血壓和高血脂等也具有很好的功效。

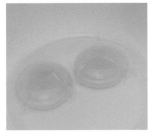

 食材

厚片吐司	1片
草莓	1盒
奇異果	2顆
雞蛋	2顆
煉乳	1小匙
液體酵素液	30cc

 作法

❶ 先將厚片吐司對切成四等分，備用。
❷ 將雞蛋置於碗中打散，攪拌均勻，備用。
❸ 將草莓洗淨、對剖後，備用。
❹ 將奇異果洗淨、去皮，切成圓形片，備用。
❺ 將吐司沾上蛋液，置於鍋中煎至兩面呈現金黃色，擺入盤內，分別加入奇異果及草莓，最後再淋上少許煉乳及液體酵素液，即完成。

果趣豆皮壽司

 食材小百科

藍莓，雖然小小一顆，但其營養價值及功效卻是非常大。藍莓在日本被稱為「視力果」。含有豐富及多樣的花青素，為一強效抗氧化劑，具有吸附體內自由基的功效，同時還能改善眼睛的微血管循環作用，具有保護眼睛的效果。此外藍莓也具有抗菌作用，能促進泌尿道的健康，是一種營養又好吃的水果，建議女性朋友可以多加攝取。

 食材

豆皮壽司	6片
苜蓿芽	1盒
藍莓	1盒
草莓	1盒
奇異果	2顆
液體酵素液	60cc

 作法

❶ 將苜蓿芽洗淨，置於冰水中冰鎮10分鐘後，撈出瀝乾水分，浸泡酵素液，備用。

❷ 將藍莓洗淨、切成細小丁狀，備用。

❸ 將草莓洗淨、去除蒂頭後，切成細小丁狀，備用。

❹ 將奇異果洗淨、去皮，切成細小丁狀，備用。

❺ 取豆皮壽司，先將浸泡好酵素的苜蓿芽塞入豆皮壽司內，上面加入少許藍莓丁。

❻ 依照上述作法5，分別加入草莓丁及奇異果丁後，將成品擺入盤中，即完成。

奇異戀曲

 食材小百科

奇異果因其形狀與顏色似紐西蘭奇異島，因而被稱之為
「奇異果」，但其原產地是在中國長江流域一帶，是傳統
中醫學所記載的「獼猴桃」。奇異果富含維生素C，具有
養顏美容、幫助消化、增強免疫力及預防感冒等功效；含
有的礦物質鉀可以幫助維持細胞體液之平衡，具有調節血
壓的作用，因此也很適合高血壓患者食用；加上其本身含
有分解蛋白質的酵素，可以促進消化、防止胃悶的情形產
生，是一種很適合用來當作飯後點心的水果喔。

 食材

愛玉	1盒
蘋果	1顆
奇異果	2顆
原味優格	1大匙
液體酵素液	60cc
玫瑰珍珠粉	1小包

 作法

① 將愛玉切成小丁狀，備用。
② 將蘋果洗淨、保留外皮，並將果肉切成小丁狀，備
用。
③ 將奇異果洗淨、去皮，並將果肉切成小丁狀，備用。
④ 將液體酵素液＋原味優格混合攪拌均勻後，備用。
⑤ 將所有食材置於盤中，淋上酵素優格醬，再灑上玫瑰
珍珠粉，即完成。

鳳梨火腿夾

 食材小百科

火腿是以豬的後腿肉經鹽漬、乾燥處理後所製成的產品，其色澤鮮艷、味香可口；含有蛋白質、脂肪、鐵質、維生素群、礦物質（鈣、磷、鉀）及胺基酸等營養素。可以維持神經系統的正常運作及消化系統的健康，能調節油脂的分泌及維護皮膚的健康。根據中醫典籍裡記載，火腿肉性溫、味甘鹹，具有健脾開胃的作用，適合食慾不佳、體質虛弱者食用，且其味道芬香，也深受孩童喜愛，唯其鈉含量偏高，高血壓、腎功能不佳者或是有水腫的情形者，建議適量攝取。

 食材

鳳梨	1顆
切片火腿	1包
液體酵素液	60cc

 作法

❶ 鳳梨洗淨、去皮，先直切成4等分，再切成蝴蝶刀（一刀不斷一刀斷）約4公分厚塊狀，備用。

❷ 將火腿片對切成三角形狀，備用。

❸ 將火腿片夾入鳳梨內，最後淋上液體酵素，即完成。

珍珠粉木瓜船

 食材小百科

西瓜又名水瓜、夏瓜，味道甘甜多汁，清爽解渴，是夏日最受歡迎的水果。西瓜含有醣類、維生素A、維生素B群及磷、鉀等礦物質，但不含脂肪和膽固醇，所以可以幫助降血壓。西瓜中含有大量的水分，若在夏日有急性發熱、口渴汗流過多、躁熱時，可以吃西瓜來改善這些症狀。而其中鉀具有很強的利尿作用，能促進水分的代謝，對於改善排尿不良、水腫或是腎炎，都具有不錯的效果，唯其利尿作用很強，建議在睡前或是晚餐飯後少吃，以免造成夜裡有頻尿的情形。

 食材

木瓜	1顆
小玉西瓜	1顆
粉圓	1大匙
玫瑰珍珠粉	1包(約1g)
液體酵素液	30cc
煉乳	1小匙

 作法

❶ 將木瓜洗淨，不削皮直接對切成二半，去籽後，一半留著當作容器。另一半以挖球器將果肉挖出。

❷ 將西瓜洗淨對切，以挖球器將果肉挖出後，備用。

❸ 將液體酵素液＋煉乳混合拌勻，備用。

❹ 將取出的木瓜果肉、西瓜果肉及粉圓分別裝入木瓜容器內，淋上酵素煉乳，最後再灑上玫瑰珍珠粉，即完成。

香瓜仙草盅

 食材小百科

洋香瓜又名美濃瓜，含有醣類、蛋白質、維生素A、維生素B群、維生素C、類胡蘿蔔素、礦物質（鈉、磷、鉀）及膳食纖維等；其中所含的膳食纖維可以促進腸道蠕動，幫助糞便的排出，同時具有排毒的功效。洋香瓜與一般瓜類水果一樣也具有清涼解熱、利尿、止渴等作用，香味濃郁、果肉清脆可口，也是一種非常適合在夏天使用的水果喔。唯其屬性涼性，不可一次食用過量，避免造成腸胃不適。

 食材

洋香瓜	2顆
仙草	1盒
椰果	1大匙
液體酵素液	60cc
冰塊	少許

 作法

❶ 將洋香瓜洗淨，以刨刀去皮，從頂部約1/3處切開，將裡面的籽挖出。保留洋香瓜當作容器，備用。

❷ 將仙草切成小丁狀，備用。

❸ 將液體酵素液60cc以5倍的白開水稀釋後，備用。

❹ 將仙草丁及椰果分別充填至洋香瓜容器內，加入稀釋後的液體酵素液，最後再加入少許冰塊，即完成。

熱帶風情

 食材小百科

火龍果又名紅龍果、仙人掌果，含有醣類、蛋白質、胡蘿蔔素、維生素B群、維生素E、鈣、膳食纖維及花青素。其中所含有的植物性蛋白質及花青素為一般水果中少見，具有抗氧化、抗自由基及預防老化等作用，而膳食纖維具有促進腸胃蠕動、幫助消化及降血糖的作用，唯火龍果屬性偏寒性，體質虛弱者需少量攝取。

 食材

鳳梨	1顆
火龍果	1顆
奇異果	3顆
蔓越莓乾	1小匙
鳳梨汁	少許
液體酵素液	60cc

 作法

❶ 將鳳梨洗淨，對切成二半，一半將果肉挖空後當作容器備用，而將取出的果肉榨成汁液後，備用。

❷ 將剩下的鳳梨切成小丁狀，備用。

❸ 將火龍果洗淨，去皮後將果肉切成與鳳梨大小一樣的丁狀，備用。

❹ 將奇異果洗淨，去皮後將果肉切成與鳳梨大小一樣的丁狀，備用。

❺ 將液體酵素液+鳳梨汁混合均勻，備用。

❻ 將所有食材填充至鳳梨容器內，淋上鳳梨酵素汁，最後再加入少許蔓越莓乾，即完成。

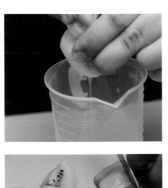

哈蜜瓜之吻

哈密瓜又名甜瓜、洋香瓜,含有蛋白質、維生素A、維生素B群、維生素C、維生素E及鐵、鈣、鋅等礦物質、果膠和β-胡蘿蔔素,能促進人體的造血機能、改善貧血,加上果肉多汁,具有改善口渴、消煩解躁、幫助消化、改善排便不順等功能。且其果肉汁多味美,深受小朋友喜愛。唯哈密瓜屬性涼性,攝取過量會導致腹瀉,加上含糖量高,因此不宜一次食用過量,患有糖尿病者需少量為宜。

 食材

哈密瓜	1顆
奇異果	3顆
葡萄	1盒
原味優格	1大匙
液體酵素液	60cc

 作法

❶ 將哈密瓜洗淨,從頂部約1/3處切開,將裡面的籽挖出,保留哈蜜瓜當作容器,備用。

❷ 將奇異果洗淨,去皮,以挖球器將果肉挖出後,備用。

❸ 將葡萄洗淨去皮,備用。

❹ 將液體酵素液+原味優格混合拌勻,備用。

❺ 將奇異果、葡萄等食材填入哈密瓜容器內,最後淋上酵素優格醬,即完成。

百香冰淇淋

 食材小百科

百香果原產南美洲，因其果汁散發出有如香蕉、鳳梨、草
莓、桃子、檸檬等多種水果的濃郁香味，而被稱為「百香
果」。百香果含有豐富的維生素B群、鈣、鎂、磷、鉀、鈉
等礦物質、纖維質，以及可抗氧化的異黃酮素，可以促進
體內代謝順暢，有助於毒素的排除。以中醫觀點而言，百
香果味甘、酸、性平，可入脾、胃二經，所以具有生津、
清腸、開胃及安神等作用。此外亦可幫助消化、去除油膩
及改善皮膚乾燥等效用，很適合女性朋友食用。

 食材

百香果	3顆
香草冰淇淋	3球
液體酵素液	40cc
草莓棒	1盒

 作法

❶ 將百香果洗淨、對切，用湯匙將果肉挖出備用，並保留
外殼當作容器。

❷ 將液體酵素液+百香果肉拌勻後，備用。

❸ 取香草冰淇淋，充填入百香果容器內，倒入百香果酵素
液後，再加入草莓棒，即完成。

石榴蘆薈優格

 食材小百科

石榴是營養均衡的好食材，含有醣類、蛋白質、脂肪及多種維生素C、維生素E與鐵、鈣、鋅等礦物質及抗氧化的多酚化合物。其中所含的維生素C豐富，能製造膠原、幫助鐵質吸收、提升抵抗力並具有抗氧化、養顏美容等功效；此外石榴還可以幫助減少動脈中血小板的生成並降低血壓，對於心臟功能的維持也具有非常好的功效。石榴除了可以直接食用，也可以製成生菜沙拉或是果汁飲品，是一種非常營養又好吃的食材。

 食材

石榴	1顆
即食蘆薈	1瓶
原味優格	1大匙
液體酵素液	60cc

 作法

❶ 將石榴洗淨，以刀子去除頭尾後，切半再用手撥開，並將果實一顆顆取出後，備用。

❷ 將液體酵素液+優格混合攪拌均勻後，備用。

❸ 將即食蘆薈及石榴果實置於碗中，再淋上酵素優格醬，即完成。

冰淇淋之戀

 食材小百科

珍珠粉含有人體所需的胺基酸、牛磺酸、微量元素以及豐富的鈣質，可以促進體內代謝、防止細胞老化，對於肌膚的美白、光澤度的提升具有很好的效果。因其含有豐富的鈣質，可以強健牙齒及骨骼、安定情緒、改善失眠及維持心跳規律等作用。而珍珠粉內含有的微量元素鐵是構成血紅素的重要成分之一，有助於改善貧血、養顏美容，很適合成長中的青少年、孕婦、中老年人，或是經常性失眠、更年期前後的婦女食用。

 食材

香草冰淇淋	1球
玫瑰珍珠粉	1包(約1g)
水蜜桃罐頭	1罐
液體酵素液	90cc
巧克力酥片	1包

 作法

❶ 取香草冰淇淋，加入酵素液攪拌均勻後置於冰箱冷凍，備用。

❷ 將水蜜桃切成薄片，備用。

❸ 將巧克力酥片捏碎後，備用。

❹ 取甜品杯，鋪上水蜜桃片後，加入酵素冰淇淋及巧克力酥片，最後再灑上玫瑰珍珠粉，即完成。

果泥酵素餅

 食材小百科

水梨含有醣類、維生素A、維生素B群、維生素C、果膠、膳食纖維、礦物質（鈣、鐵、鉀）等營養素。其中鉀有助於維持患者人體細胞內外水分平衡的作用，能調解血壓、排除多餘鹽分，對於高血壓、心臟病、肝炎患者具有很好的助益。此外水梨含有大量的水分，汁多味美，具有幫助消化、利尿、解熱、潤燥、清喉降火的作用，是一種很適合在乾燥的秋天食用的水果。

 食材

酪梨	1顆
水梨	1顆
小番茄	少許
洋芋片	1盒
蜂蜜	1小匙
液體酵素液	60cc

 作法

❶ 將酪梨洗淨，對剖後去籽，切成長條狀，再以研磨器磨成泥狀，備用。

❷ 將水梨洗淨，去皮後取出果肉，再以研磨器磨成泥狀，備用。

❸ 將作法1及2的果泥加入酵素液及蜂蜜混合拌勻，備用。

❹ 將小番茄洗淨，切成細碎狀，備用。

❺ 取洋芋片當底，加入作法3的食材，上面放上少許的番茄碎，即完成。

酵素夾心餅

 食材小百科

核桃的保健功效自古以來就一直備受推崇，因此又有「萬歲子」與「長壽果」的美稱。在《本草綱目》中記載，核桃能補氣養血、幫助腦部神經的生長與發育，是一種對腦部非常具有幫助的食物。以現今營養學角度而言，核桃被視為堅果類食物，含有蛋白質、脂肪酸、維生素B群、維生素E及多種礦物質。其中所含的脂肪酸為人體所必需的不飽和脂肪酸，具有降低血脂及膽固醇的效果，所以多吃核桃並不會造成心血管的負擔。唯其熱量高，若是因此擔心身材走樣，建議適量食用即可。

 食材

香蕉	2根
核桃	1小盤
圓餅乾	1盒
液體酵素液	30cc

 作法

❶ 將香蕉去皮切片後，置於碗內，以湯匙壓成泥狀後，備用。

❷ 將核桃先置於烤箱烤約1分鐘，取出壓碎後，備用。

❸ 將香蕉泥、碎核桃，攪拌均勻，再加入液體酵素液，拌勻後，備用。

❹ 取圓餅乾一片，加入作法3，再蓋上另一片圓餅乾，呈夾心狀，擺盤，即完成。

香蕉巧克力酥

 食材小百科

香蕉含有豐富的胺基酸、維生素C、維生素D、礦物質（鉀、鎂）、膳食纖維、果糖等營養素，對於預防胃潰瘍、改善便秘、治療失眠、憂鬱症等具有不錯的效果。香蕉屬於高鉀、低脂肪、低熱量的食材，對於降低血壓及預防中風也具有很好的幫助。此外，香蕉含有獨特的香味及鮮豔的外觀，加上果實無子去皮容易，食後又易有飽足感，而且香蕉除了可以直接吃以外，也可以製作成各式各樣美味的料理，是一種很深受歡迎的水果。

 食材

香蕉	2根
巧克力酥片	2包
即食燕麥片	1碗
液體酵素液	60cc
五彩巧克力米	少許

 作法

❶ 將香蕉去皮切片後，置於碗內，以湯匙壓成泥狀後，加入液體酵素液及即食燕麥片混合攪拌均勻，備用。

❷ 將巧克力酥片壓碎後，置於平盤，備用。

❸ 將香蕉泥捏成球狀後，再置於巧克力酥碎片上滾勻，然後置於冰箱冷凍（約2小時），再取出擺盤，最後灑上少許的巧克力米，即完成。

番茄寶盒

 食材小百科

芭樂又名番石榴、那拔，含有蛋白質、維生素B1、維生素C、膳食纖維及礦物質鉀。據《本草綱目》記載，芭樂具有治胃病、腹痛、解熱等作用。維生素C含量豐富，具有抗氧化能力、幫助美白及提高人體對鐵質的吸收率，又可以防止上呼吸道感染，增加孩童對感冒的抵抗力；此外芭樂含有豐富的鉀，可以幫助維持正常的血壓、去除體內多餘的鹽分；而且其熱量低，咀嚼時又具有飽足感，也非常適合減肥者食用喔！

 食材

新鮮大番茄	2顆
芭樂	1顆
梅子粉	少許
脆笛酥	1盒
液體酵素液	30cc

 作法

❶ 將大番茄洗淨、從頂部約1/3處切開，取出番茄果肉後，並保留番茄盒狀。

❷ 將芭樂洗淨、去除籽後，將果肉以研磨器磨成泥狀，備用。

❸ 將芭樂泥＋番茄果肉攪拌均勻，充填至番茄盒內。淋上液體酵素液，灑上少許梅子粉，最後再加入脆笛酥，即完成。

健康飲品

人人都想擁有健康，但卻也害怕麻煩。健康飲品選用多種養生食材：南瓜、豆類、地瓜、苦瓜、珊瑚草等，利用食材原有的味道搭配酵素液，經由簡易的攪碎過程，即能輕鬆製作出兼具養生、又方便的健康飲品。

可別以為蔬果汁的味道都是一樣的，試著利用酵素液為基低加上食材的變化，健康飲品每一道都能令人感受到滋味濃郁、口感香甜的入喉韻味，讓飲用者會想一杯接著一杯。原來喝出健康就是這麼簡單。

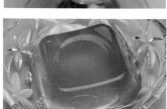

山藥蘋果甘蔗汁

 食材小百科

甘蔗又稱為糖蔗，屬禾本科植物的一種，含有蔗糖、葡萄糖、果糖、蛋白質、礦物質（鈣、鐵、磷）。其中所含的鐵較一般水果來得豐富，且甘蔗含有多種胺基酸、維生素等提供人體的熱量和營養。據中醫記載，甘蔗味甘、平，具有助脾、利大腸、止渴、解毒的作用，也具有利尿、改善消化不良、排便不順等作用。但患有脂肪肝及糖尿病者不宜使用；此外，對於孕婦而言，過量食用甘蔗汁除了容易導致血糖偏高，也容易造成嬰兒體重過重，需特別小心。

 食材

山藥	50克
蘋果	半顆
甘蔗汁	200cc
液體酵素液	60cc
水	100cc

 作法

❶ 將山藥洗淨、去皮，切成塊狀後，備用。

❷ 將蘋果洗淨，保留外皮，切成塊狀後，備用。

❸ 將山藥塊及蘋果塊先置於果汁機內，再加入水、液體酵素液及甘蔗汁後，攪打均勻（約3分鐘），即完成。

酵素粉圓

 食材小百科

粉圓又名珍珠，主要的成分為番薯粉，是屬於低蛋白高澱粉的食物。而市售的珍珠飲料大多添加過量的糖類、奶精或是防腐劑，屬於高熱量、高糖份的食物，所以一直被列為是低營養價值的不健康食物。其實珍珠的外觀晶瑩剔透、口感Q彈滑順又具有嚼勁，是一種很受大眾喜愛的點心食品。酵素粉圓就是利用粉圓的口感搭配天然的百香果及酵素液製作出融合香味、美味又具有營養的飲品，口感清爽，健康無負擔，是一道非常適合在夏季飲用的健康飲料喔！

 食材

百香果	2顆
粉圓	1大匙
液體酵素液	60cc
冰塊	少許

 作法

❶ 將百香果洗淨、對切，用湯匙將果肉挖出，備用。

❷ 將液體酵素液60cc以5倍的白開水稀釋後，備用。

❸ 先將粉圓放入杯內，分別加入稀釋後的酵素液及百香果，攪拌一下，最後再加入少許冰塊，即完成。

 133

多C愛玉

 食材小百科

檸檬為芸香科柑橘屬常綠小喬木洋檸檬果實。含有大量水分、蛋白質、維生素A、B群、維生素C、礦物質（鈣、鉀、鐵），及多種黃酮類、有機酸及揮發性油脂。檸檬果皮中含有橙皮甙和柚皮甙，具有抗炎作用；而檸檬汁則具有很強的殺菌作用，有幫助消化吸收、減肥、養顏美容及防止黑斑和雀斑形成的功效，故又具有「美容水果」之美稱。此外，檸檬汁含有大量的檸檬酸及豐富的維生素C，能防止牙齦紅腫出血預防壞血病，同時對於預防高血壓、心肌梗塞也都具有很好的效果。

 食材

愛玉	1盒
檸檬	2顆
液體酵素液	90cc
冰塊	少許

 作法

❶ 將愛玉切成小丁狀，備用。
❷ 取一顆檸檬洗淨、對切，以榨汁器榨汁，取檸檬汁約20CC，再將另一顆檸檬切成三角塊狀，備用。
❸ 將液體酵素液90cc以5倍的白開水稀釋後，備用。
❹ 分別將愛玉丁、檸檬塊置於碗內，加入稀釋後的酵素液，最後加入少許冰塊，即完成。

鳳梨椰果酵素飲

 食材小百科

鳳梨又稱為旺萊、菠蘿、黃梨，含有醣類、碳水化合物、蛋白質、有機酸、膳食纖維、維生素A、維生素B群、維生素C、類胡蘿蔔素、鉀及酵素，可以幫助消除疲勞、增進食慾。且含有的鳳梨酵素能分解蛋白質、脂肪等，具有改善腹瀉及消化不良的情形，於飯後食用，具有開胃順氣、解油膩的效用，同時也是天然的抗炎及抗氧化物，可以去除體內不安定的氧分子，修復體內受損的細胞。此外鳳梨含有大量的水分及維生素C，具有清熱解渴、利尿和消腫的功效，很適合在夏天食用。

 食材

椰果	1大碗
鳳梨	1小片
液體酵素液	90cc
冰塊	少許

 作法

❶ 將鳳梨洗淨、去除外皮後，將其切成細小丁狀。（以大吸管可以吸入的大小即可。）

❷ 取90c.c.液體酵素液，加入約5倍的白開水稀釋後，備用。

❸ 將椰果、鳳梨丁分別置於杯內，倒入稀釋後的酵素液，再加入少許冰塊，即完成。

苦瓜酵素飲

 食材小百科

苦瓜為葫蘆科植物苦瓜的果實,因其具有特殊的苦味,所以有許多人不敢食用,但是苦瓜對人體的健康助益卻是非常多的。苦瓜含有的維生素B群、維生素C、膳食纖維、鈣質等營養素,有益於調節體內功能,並有增強身體免疫力及促進皮膚的新陳代謝等功效。而苦瓜本身所具有的苦味素能增進食慾、健脾開胃、消炎退熱、明目等,很適合夏天或是煩躁、火氣過旺時使用。苦瓜的烹調方式多樣,除了熱炒、涼拌外,也可以打成蔬果汁來飲用,具有良好的降血糖作用,也是一種很適合糖尿病患者食用的食材。

 食材

苦瓜	1/4根
鳳梨	1/4塊
西洋芹	1根
蜂蜜	少許
液體酵素液	60cc
水	300cc
冰塊	少許

 作法

❶ 苦瓜洗淨、去除頭尾,對剖後,除去中間的籽,再對剖成4等分,取其中一分,切成塊狀,備用。

❷ 鳳梨洗淨、去除外皮後,對剖成4等分,再取其中一等分切成塊狀,備用。

❸ 取芹菜一根洗淨後,切成塊狀,備用。

❹ 將上述所有食材置於果汁機內,加入水及冰塊攪打均勻(約3分鐘)後,再加入蜂蜜及酵素液,以果汁機攪拌(約5秒鐘),取出過濾後倒入杯中,即完成。

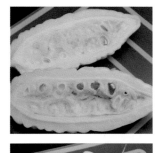

香蕉珊瑚草飲

 食材小百科

蜂蜜是由蜜蜂採集花蜜，經過儲存、釀製後熟成的食品。蜂蜜內含有高達50%~80%以上的果糖及葡萄糖，利於人體的吸收。在中醫的記載中，蜂蜜性味甘、平，具有補中益氣、潤肺、潤燥、止咳、解毒等作用。對於有便秘、氣管炎、高血壓等情形的患者，都具有不錯的幫助，一般多使用於飲品當中；但須注意一歲以下的嬰兒不適合餵食蜂蜜，以免產生致病危機。

 食材

珊瑚草	5公克(乾)
香蕉	1根
蘋果	半顆
蜂蜜	少許
液體酵素液	60cc
水	300cc
冰塊	少許

 作法

❶ 將珊瑚草洗淨，浸泡於水中約一天的時間，其中每五至六個小時可以換水一次，最後再以白開水洗淨，切成小塊狀後，備用。

❷ 將香蕉去皮，切成塊狀，備用。

❸ 將蘋果洗淨（保留外皮）切成塊狀，備用。

❹ 將珊瑚草、香蕉塊、蘋果塊、水、冰塊、酵素液及蜂蜜一同置於果汁機中攪打至碎（約8-10分鐘），取出，倒入杯中，即完成。

葡汁酵素凍飲

 食材小百科

葡萄含水量多、果香味甜，具有豐富的營養素，如醣類、檸檬酸、蘋果酸等多種天然果酸及礦物質鐵等營養素。葡萄具有含鈉量低且含鉀量高的特性，有利尿、防止血栓及降低膽固醇的作用，對於心血管疾病具有很好的幫助。葡萄皮因含有豐富的多酚類，能清除體內老化的自由基，具有防癌的功效，適合孕婦、兒童、素食者或是貧血者食用。使用時只要將葡萄皮清洗乾淨後，連皮一起吃，即可獲得更多的營養素。

 食材

葡萄	1盒
市售茱凍	1盒
液體酵素液	60cc
水	300cc
冰塊	少許

 作法

❶ 取葡萄約10顆，洗淨、去除外皮及籽後，切成細小塊狀，備用。

❷ 將茱凍切成與葡萄大小相等的細小塊狀，備用。

❸ 另取整顆葡萄約12顆洗淨（保留葡萄皮及葡萄籽），置於果汁機內，加入液體酵素液、水及冰塊攪拌至碎（約5分鐘）。

❹ 先將切好的葡萄及茱凍置於杯內，再加入作法3的酵素果汁液，即完成。

酵素優酪乳

 食材小百科

優酪乳又稱為酸酪乳、酸乳或是發酵乳，是牛奶經發酵後
的產物。在發酵過程中，細菌會將牛奶的營養素分解成小
分子的營養素，使得優酪乳含有比牛奶更豐富的胺基酸，
易於人體的消化吸收；且其鈣質含量高，食用後有助於預
防骨質疏鬆症，同時具有幫助降低血壓、提高免疫力、預
防婦科感染等功效。很適合成長發育中的孩童、中老年
人、素食者或是停經後的婦女使用；唯市售優酪乳產品含
糖量偏高，因此在食用時，建議選用低糖或是無糖者為
佳。

 食材

無糖優酪乳	1瓶(約500CC)
葡萄乾	10克
蔓越莓乾	10克
液體酵素液	60cc

 作法

❶ 先將葡萄乾及蔓越莓乾分別以開水浸泡約1小時，待
軟後瀝乾水分，備用。

❷ 分別將浸泡後的葡萄乾及蔓越莓乾放入果汁機內，再
將無糖優酪乳及酵素液一同倒入果汁機內攪拌至碎
（約5～8分鐘），取出倒入杯中，即完成。

黃金酵素豆奶

食材小百科

地瓜又名番薯,含有蛋白質、澱粉、膳食纖維、類胡蘿蔔素、維生素A、維生素B群、維生素C及礦物質(鈣、磷、銅、鉀)等豐富營養素。也被世界衛生組織(WHO)評選為十大最佳蔬菜的冠軍,同時營養學家也稱讚地瓜為營養最均衡食品。地瓜對人體的好處很多,具有減肥、改善便秘、預防動脈血管硬化、排除體內多餘的膽固醇、提高免疫力及抗癌等廣泛的效用,是一種很好的養生食材。

食材

南瓜	10公克
地瓜	10公克
市售無糖豆漿	400cc
液體酵素液	60cc

作法

❶ 先將南瓜洗淨、去籽,切成塊狀後,備用。

❷ 將地瓜洗淨、去皮、切成塊狀後與南瓜一同置入電鍋中蒸熟(外鍋約放1杯水),取出放涼後,備用。

❸ 將蒸熟後的南瓜及地瓜置於果汁機內,加入無糖豆漿及液體酵素液,攪打均勻(約3分鐘),倒入杯中,即完成。

生活誌　賞味食舖

酵素廚房
66道享樂主義的輕食佳餚

作者◆邵麗華

發行人◆施嘉明

總編輯◆方鵬程

主編◆黃幗英

責任編輯◆王窈姿

美術設計◆吳郁婷

出版發行：臺灣商務印書館股份有限公司

編輯部：10046台北市中正區重慶南路一段三十七號

電話：(02)2371-3712　傳真：(02)2375-2201

營業部：10660台北市大安區新生南路三段十九巷三號

電話：(02)2368-3616　傳真：(02)2368-3626

讀者服務專線：0800056196

郵撥：0000165-1　E-mail：ecptw@cptw.com.tw

網路書店網址：www.cptw.com.tw

網路書店臉書：facebook.com.tw/ecptwdoing

臉書：facebook.com.tw/ecptw　部落格：blog.yam.com/ecptw

局版北市業字第 993 號

局版北市業字第993號

初版一刷：2013年7月

定價：新台幣280元

酵素廚房：66道享樂主義的輕食佳餚 / 邵麗華
著 -- 初版. - 臺北市 ：臺灣商務，2013. 07
　　　面 ；　　公分.　 --（生活誌）
　ISBN 978-957-05-2823-7（平裝）

1. 酵素　2. 食譜

899. 74　　　　　　　　　　102004192

酵素廚房料理書
讀者回饋優惠券

● 憑券購買內爾特任一盒酵素液即享有優惠價每盒1680元（定價2000元）、免運費，再贈送精美贈品（價值150元）。
● 有效期限自即日起至2013年12月止。
● 每次消費限抵用一張，影印無效。
● 定價若有調整，以公司標示定價為準。
● 連絡電話：03-270-2828　地址：桃園市復興路207號12樓之4。
● 傳真電話：03-2702838

ENZY LAB
台灣太陽神國際股份有限公司　Taiwan Tinsun International Co. Ltd.

酵素廚房料理書
讀者回饋優惠券

● 憑券購買內爾特任一盒酵素液即享有優惠價每盒1680元（定價2000元）、免運費，再贈送精美贈品（價值150元）。
● 有效期限自即日起至2013年12月止。
● 每次消費限抵用一張，影印無效。
● 定價若有調整，以公司標示定價為準。
● 連絡電話：03-270-2828　地址：桃園市復興路207號12樓之4。
● 傳真電話：03-2702838

ENZY LAB
台灣太陽神國際股份有限公司　Taiwan Tinsun International Co. Ltd.